日本国民科学素养的培育历程

王蕾 著

上海科学技术文献出版社
Shanghai Scientific and Technological Literature Press

图书在版编目（CIP）数据

日本国民科学素养的培育历程 / 王蕾著. —上海：上海科学技术文献出版社，2016
ISBN 978-7-5439-5587-5

Ⅰ.① 日… Ⅱ.① 王… Ⅲ.① 科学技术—素质教育—研究—日本 Ⅳ.① G531.31

中国版本图书馆 CIP 数据核字 (2016) 第 212135 号

责任编辑：胡欣轩　王茗斐
封面设计：许　菲

日本国民科学素养的培育历程
王　蕾　著
出版发行：上海科学技术文献出版社
地　　址：上海市长乐路 746 号
邮政编码：200040
经　　销：全国新华书店
印　　刷：常熟市人民印刷有限公司
开　　本：787×1092　1/16
印　　张：8.25
字　　数：185 000
版　　次：2017 年 1 月第 1 版　2017 年 1 月第 1 次印刷
书　　号：ISBN 978-7-5439-5587-5
定　　价：32.00 元
http://www.sstlp.com

Contents 目录

序言 1 1

序言 2 1

前言　社会中的科学素养 1

第一节　背景与意义 1
第二节　国内外研究现状 2
第三节　研究范围 6
一、"科学素养"概念的界定 6
二、日本国民科学素养的构成要素 8
三、世界范围内的科学素养发展宏观历程 10
第四节　研究架构与方法 10
一、研究架构 10
二、研究方法 12

第一章　萌芽阶段的 1868 年—20 世纪 50 年代："实用主义" 14

第一节　明治维新时期（1868—1914） 14
一、社会语境综述 14
二、"文明开化"运动的精神构造 16
三、岩仓使节团西洋之行 17
四、理科教育的发展 18
五、实业教育的大力提倡 22
六、社会中的科学教育 23
第二节　两次世界大战期间至战后初期（1914—1959） 24
一、社会语境综述 24
二、理科教育的发展 26
第三节　小结 28

第二章　启动阶段的 20 世纪 60、70 年代："普及启蒙"　　30

第一节　社会语境综述　　30
第二节　理科教育的改革　　31
一、美国 SCIS 体系的引进与 20 世纪 60 年代的改革　　32
二、20 世纪 70 年代的改革　　33
三、理科教育改革的不足　　33
第三节　科学技术的普及事业　　35
一、生活改善普及事业　　35
二、生产活动中的技术普及　　36
三、以大众传媒为手段的科学普及　　37
四、科学普及相关活动　　37
第四节　科学素养概念相关研究的起步　　39
一、"科学素养"相关研究的发端　　39
二、20 世纪 70 年代"科学素养"概念的特征　　40
第五节　小结　　41

第三章　曲折阶段的 20 世纪 80、90 年代："疏远理科"　　42

第一节　社会语境综述　　42
第二节　"疏远理科"社会现象　　43
一、背景要因　　45
二、对策："科学技术理解的增进"　　48
第三节　理科教育改革　　49
一、20 世纪 80 年代的理科教育改革　　49
二、面向新世纪的理科教育改革　　50
第四节　20 世纪末科学素养概念研究的进一步发展　　52
一、美国的科学素养相关研究对日本的影响　　52
二、日本国科学素养概念的特征　　54
第五节　小结　　55

第四章　全盛时期的 21 世纪："科学技术与社会"（上）　　57

第一节　社会语境及现实问题　　58
一、依旧持续的"疏远理科"现象　　58
二、科学技术实用主义之弊端的显现　　61
第二节　理科教育的现状　　62
一、新《学习指导要领》的颁布　　62

二、理科教师的科学素养现状 ………………………………………… 63
第三节　公众理解科学模式的转变(公众理解科学→公众参与科学) ……… 64
第四节　21世纪日本科学传播事业发展战略 ……………………………… 65
　　一、科学技术基本计划中的科学传播相关政策 ……………………… 66
　　二、政府的其他相关科技政策 ………………………………………… 69

第五章　全盛时期的21世纪："科学技术与社会"(下)　　74

第一节　《科学技术的智慧》计划 …………………………………………… 74
　　一、计划委员会 ………………………………………………………… 74
　　二、组织机构 …………………………………………………………… 76
　　三、成果报告 …………………………………………………………… 77
　　四、意义与成果 ………………………………………………………… 78
第二节　国民科学素养培育的最强动力——科学技术振兴机构(JST) …… 80
　　一、JST的概况 ………………………………………………………… 80
　　二、JST的科学传播事业网络体系 …………………………………… 81
　　三、JST的作用 ………………………………………………………… 86
第三节　日本企业的CSR理念——以索尼教育财团为例 ………………… 87
　　一、沿革与组织 ………………………………………………………… 87
　　二、以学生为主要目标群体的援助企划 ……………………………… 88
　　三、中小学教员研修与培训 …………………………………………… 89
　　四、代表性活动 ………………………………………………………… 90
　　五、CSR的长期目标 …………………………………………………… 91
第四节　小结 ………………………………………………………………… 91

第六章　突发公共事件中的科学素养与科学传播　　93

第一节　引论 ………………………………………………………………… 93
第二节　案例分析一：水俣病公害(1956) ………………………………… 94
　　一、水俣病的缘起 ……………………………………………………… 94
　　二、水俣病引发的科学技术相关伦理思考 …………………………… 96
　　三、水俣病的教训 ……………………………………………………… 97
第三节　案例分析二：福岛第一核电站核泄漏危机(2011) ……………… 98
　　一、核泄漏事件总括 …………………………………………………… 98
　　二、PUS缺失模型路线的挫折：从缺失到对话的转变 ……………… 99
　　三、紧急事态中的科学素养 …………………………………………… 100
第四节　经验与教训 ………………………………………………………… 102

结束语：历史特征与当代启示 　　105

第一节　日本国民科学素养培育的历时特征 　　105
第二节　日本科学素养培育史是一部亲美的借鉴史 　　106
第三节　日本理科教育的主要特征 　　107
第四节　日本国民科学素养培育的未来展望 　　107
第五节　对我国的启示 　　108
　　一、中国科学素养培育分层论 　　108
　　二、我国企业界的责任意识 　　109

参考文献 　　110

附录 　　118

序言 1
Foreword

日中两国科学文化交流历史源远流长。江户时代（1603—1867年）以前，当时作为发展中国家的日本一直从中国引进传统文化。无论是文字、文化、风俗，甚至农作物栽培，无不受到中国的深远影响。到了江户后期，日本武士用来学习的书籍都是用汉字写成的。当时在秋田县有个被称为"神童"的孩子名叫谷田部梅吉。谷田部于1881年从东京大学理学部法语物理学科毕业，成为日本首批理学学士中的一员。毕业之后不久，他就和同期毕业的21名同学一起创立东京物理学讲习所，该学校正是本书作者王蕾曾经求学的东京理科大学的前身。

我们可以看到，谷田部在幼时接触到的都是汉文书籍，而在大学期间接受的却是用法语教授的理学教育。这个时代的日本，是日本政府从学习中国文化向学习西欧文化转变的转折期。到了江户末期（19世纪初），荷兰人在长崎的出岛抵岸登陆并开始向日本人输入欧洲文化。很多用荷兰语记载的文献传入日本，其中以医学和理学相关的文献尤其多，"兰学"逐渐兴起，这引起了江户末期德川幕府的恐慌，随即颁布了闭关锁国政策，和欧洲及其美国切断了邦交。

随着清王朝的腐朽没落，日本及时转向，开始向西方学习。明治维新以后的日本引进先进的欧美文化，并将其加以改造和发展以适合日本本土社会语境。之前日本从中国引入文化的时候，几乎没有引进过科学技术的相关术语，日本人从欧美大量引入科技相关专业术语，并将其翻译成日语。谷田部和他的那些一起创建东京物理学讲习所的伙伴们，为了科学技术相关术语用词规范的统一做出了很大贡献。随后，这些科学技术术语传到了中国。

到了21世纪，随着网络时代的到来，即使在地球两端的两人，都能及时通过电子邮件进行轻松交流。2010年的春天，我收到了一封来自北京的电子邮件，是当时正在中国科学院自然科学史研究所念博士课程的王蕾发来的，信中表达了加入我的研究室从事日本科学素养相关调查研究的意愿。我当时正担任东京理科大学大学院创新研究科的教授，从事日本与海外知识产权战略相关研究。而"知识产权"和"科学素养"，两者是无法割舍的关系。此外，我之前曾经担当读卖新闻社的评论员，对日本国民科学素养相关情况比较了解，人脉资源也很丰富，因此我十分爽快地批准了她的申请。

王蕾在日本期间，每天奔波于调查现场、研究室和图书馆三点之间。她采访文部科学省、文部科学省下属科学技术政策研究所、科学技术振兴机构以及政策研究大学院大学的学者和官员们。此外她还在科学技术振兴机构下属的《科学之窗》编辑部实习了一段时间。她还同时报名学习科学素养研究领域的日本首席专家，东京理科大学北原和夫教授所教授的《日本科学史》《科学技术与社会》等课程。2012 年她回到了北京，因为在日本期间做了大量调查和搜集了丰富的资料，她的博士论文写起来格外顺手。同时，我和她合作的两篇论文在中国的核心学术期刊上得以发表。

此书主要有两大部分。第一部分是讲述日本科学素养的培育历史。王蕾在书中对明治维新至 21 世纪的日本国民科学素养培育历程进行了历时审视。第二部分以第一部分为基础，作者给中国的科学素养培育事业提出了建议。首先，中国政府应当向外国学习先进经验并加以消化吸收。其次是科学素养培育分层理论的提出。她认为，由于中国各地经济发展的不平衡，科学素养相关政策应当细化，在不同地区应当设置不同的国民科学素养提升目标和计划。

本书作为一部从 STS（科学、技术与社会）角度描述日本近现代国民科学素养培育历程的专题史著作，无疑有助于我们在更广阔的历时视野去了解国民科学素养培育的必要性和可行性。这一成果对中日两国相关学界、科普界相关人士以及大众来说，都不乏有益启示。

马场炼成
东京理科大学大学院创新研究科教授（现已退休）
NPO 法人 21 世纪构想研究会　理事长
日本科学技术振兴机构中国综合研究交流中心　上席研究官
2016 年 10 月 20 日于东京

序言 2

本书是一部以日本国民科学素养发展历程为研究对象的论著,考察了日本自明治维新以来通过对海外先进思想和理论的不断借鉴并加以改造应用,逐渐走出了一条具有自己本国特色国民科学素养发展之路的历程。本书从历时的角度,结合特定时期科学技术发展的具体语境,以科学素养培育的进程中所呈现的种种演变特征为依据,将日本自明治时期以来的科学素养培育历程划分为四个阶段。

第一阶段是明治维新至 20 世纪 50 年代,作为日本国民科学素养培育的发展背景,这一时期为科学素养培育的萌芽时期,其特征是"科学技术的实用主义";第二阶段是 20 世纪 60—70 年代,"科学素养"一词正式出现在日本,此段时期为科学素养培育的起步时期,其特征是"科学技术的普及与启蒙";第三阶段是 20 世纪 80—90 年代,这一时期为科学素养培育的曲折发展时期,其特征是社会中产生的"疏远理科"现象;第四阶段是 21 世纪,这一时期为科学素养培育的全面发展时期,其特征是"科学技术与社会之间的互动",即对话、交流与参与。

书中特设"突发公共事件中的科学素养与科学传播"一章,以日本 1956 年熊本地区的水俣病以及 2011 年福岛第一核电站核泄漏危机为案例进行分析,探讨了时下备受关注的"公共事件中的科学素养"这一问题。本章以西方现代科学传播模型为理论借鉴,从科学技术与社会(STS)的角度对于危机事件中的科学素养与科学传播进行了探讨。

本书有如下结论:历届日本政府都能够针对不同时期的不同社会语境及时调适国民科学素养培育政策,使其更好地适应时代的发展与社会的需要;日本善于借鉴他国成果;日本的整部国民科学素养培育史实际上就是一部对于美国的科学素养相关思想和研究模式的借鉴史;其次,日本的理科教育具有本国特色,文部科学省将中小学的理科教育明确划归入国民科学素养培育事业之中,并且加以特别重视。

最后,通过对于日本国民科学素养培育历时发展的考察,本书对当代中国国民科学素养的发展事业提出了启示:首先,创设"中国科学素养培育分层论"来解决由于区域经济发展不平衡所造成的国民科学素养提升中产生的问题。日本政府向来采取适应社会与经济发展的国民科学素养提升措施。日本的经验表明,在中国应当在不同发展层次的区域(根据经济发展状况,分为三级:发达地区、一般地区与贫困地区)设置特定的科学素养培育政策。其次,在中国主要是政府官方主导国民科学素养培育事业。在日本,更多的企业与非官方机构参与到国民科学素养提升的事业当中,通过进行CSR的公益活动促进本国科学素养的发展。中国的企业与非官方机构应当向其学习,认识到自身作为社会的一分子所应当履行的责任。

  本书在写作过程中,曾经得到中科院自然科学史所胡维佳研究员,李士研究员,张柏春研究员,廖育群研究员,袁江洋研究员,汪前进研究员,黄荣光研究员;中科院大学人文学院任定成教授;中国科普研究所石顺科研究员,何薇研究员,郑念研究员,张超研究员;东京理科大学马场炼成教授,北原和夫教授;日本科学技术振兴机构有本建男教授,佐藤年绪编辑长等人提供的不少宝贵意见和建议,在此谨表谢忱。

王蕾

2016年3月

于东京文京

前言
社会中的科学素养

第一节 背景与意义

随着信息社会的到来与知识经济的兴起,世界各国在相互之间激烈竞争的同时,也普遍意识到国力与竞争力强弱与否与本国经济、社会健康发展以及科技人才的受教育程度息息相关[1]。要想达到综合国力的提高,光靠发展经济是不够的。如今全球已经步入知识经济的时代。无论是发达国家还是发展中国家,其经济的发展都不会像以前那样仅仅依靠尖端科学技术的发展及其产业化,而是需要提高全体社会成员的科学素质[2]。只有民众普遍具有高水平科学理解力的国家才能在参与新的高技术产品的国际经济竞争中保持其领先地位,也就是说,如果要想充分利用科学的"知识资本",关键在于使得社会公众更多地理解科学。艾萨克·阿西莫夫(Isaac Asimov,1920—1992)认为,如果没有在科学上富于见闻的公众,科学家们"不仅再也得不到财政支持,而且会受到激烈的指责"[3]。而杰勒德·富雷(Gerard Fourez,1937—)也曾阐述到"科学家、经济学家和技术专家都认为,除非全民都关注科学技术文明,否则发达国家的经济很容易导入困难,而发展中国家会发现难以腾飞。"[4]于是,国民科学素养的培育发展在这样的经济态势中被提到了重要的战略地位。据此,许多国家包括我国,都在制定以提高国民科学素养为目标的国家政策,如美国的"2061计划"(Project 2061)[5]、英国的"公众理解科学"运动(Public Understanding of Science)[6]、日本的"'科学技术的智'计划"(「科学技術の智」プロジェクト)[7]以及我国的"全民科学素养行动计划"[8]。

在一定程度上,国民的科学素养水平既直接影响国家的核心竞争力,也影响着国民自

---

[1] Victor. J. Mayer. Global Science Literacy. Dordrecht: Kluwer Academic Publishers, 2000.
[2] 任定成.《全民科学素质行动计划纲要》解读. 科普研究, 2006(1). 19.
[3] Isaac Asimov. Science and the Public. Nature, Vol. 121, 1984. 18.
[4] Gerard Fourez. Scientific and Technological Literacy as a Social Practice. Social Studies of Science, 1997, 27(6): 903~936.
[5] American Association for the Advancement of Science: Science for All Americans. Oxford: Oxford University Press, 1989.
[6] Royal Society. The Public Understanding of Science. London: Royal Society, 1985.
[7] 北原和夫等. 21世紀を豊かに生きるための「科学技術の智」. 日本学術会議・科学力増進分科会, 2008.
[8] 国务院. 全民科学素质行动计划纲要(2006—2010—2020). 北京: 人民出版社, 2006. 1~13.

身的生活质量①。我国在《中共十六大报告》中就已经明确将"科学文化素养"这一要素列为全面建设小康社会的重要标准之一。国务院于2006年正式颁布的《全民科学素质行动计划纲要(2006—2010—2020)》中指出,科学素质是公民素质的重要组成部分。提高公民的科学素质对于增强公民获取和运用科学知识的能力,改善生活质量,实现我国社会的全面可持续发展具有重要的意义。2010年中国科学技术协会相关调查小组的《2010年中国公民科学素养调查报告》显示②,我国公众具有基本科学技术素养的比例为3.27%,与1996年的0.2%相比进步了很多;然而,与发达国家国民的民众科学技术素养水平相比差距仍旧很大。如美国1995年公众基本科学技术素养就已达到12%,欧盟于1992年达到5%,日本于1991年达到3%。由此可见,要使得我国民众的科学技术素养尽快达到世界发达国家的水平还有很长的路要走,还需要借鉴其他国家的相关政策措施。

我国的邻国日本是一个处于狭长小岛上的面积很小的国家,人口只有我国的1/10,陆地面积只有我国的1/26,但却国力颇强,这与其长期以来一直重视科技发展,重视国民科学素养的培育是分不开的。正如日本原文部大臣森喜朗(1937—)在一次演讲中所说:"日本是缺乏资源的国家,是用教育的作用开采人的脑力,心中的智慧资源和文化资源,这是今天日本在经济上、社会上、文化上获得发展的原动力。"

日本为了全体国民科学素养的提升所提出的建议是提高国民科学技术素养的有效措施,值得我国借鉴。本书以与我国有近似历史文化背景的日本作为研究对象,借助历史文献法和比较法,通过对自明治维新以来日本国民科学素养培育的发展历程的剖析,为更好推动我国新世纪科学素养教育工程的顺利实施、促进我国公民科学素养建设提供具有理论意义和现实价值的参考。

第二节 国内外研究现状

近年来,我国对于日本科学素养相关研究成果散见于一些学术论文,其中有:郑长龙等的《日本理科教育发展史略》③、李玉芳的《二战后日本中小学的科学技术教育》④、廖宗明的《战后日本加强基础科技教育的政策和措施》⑤、金京泽的《日本理科教育的新动向》⑥、雷树人的《日本的理科教育改革》等论文,这些论文对于日本学校的理科教育的教学法、教案设计等情况进行了断代研究;与此同时,对于日本国民科学素养培育的相关方

---

① 北京市科委,北京市人事局,北京市美兰德信息公司联合调查组.北京市公务员科学素养调查.北京科技报,2000-09-11.
② 中国科学技术协会,中国公众科学素养调查课题组编.2010年中国公民科学素养调查报告.北京:科学普及出版社,2011.
③ 郑长龙,林长春,陈耀亭.日本理科教育发展史略[J].中学化学教学参考,2006(5):1~6.
④ 李玉芳.二战后日本中小学的科学技术教育.教学与管理,2005(12):78~80.
⑤ 廖宗明.战后日本加强基础科技教育的政策和措施.高等教育研究,2006(3):6~10.
⑥ 金京泽.日本理科教育的新动向.课程·教材·教法,2003(11):75~78.

面内容还散见于书籍著作中,如梁忠义主编的《战后日本教育——日本的经济现代化与教育》[1]对日本的经济现代化与教育进行了相关分析;陈永明编著的《中日教育比较与展望》[2]中通过纵断性和横断性的比较研究来比较中日现代化异同及其政治、经济、文化、教育的演变历程;裴宏2002年的博士论文《日本的教育、科技与经济发展》探讨了日本社会中教育、科技与经济之间的相互关系以及互相影响;吴德新1993年的硕士论文《论教育与科技对日本经济振兴的作用》则讨论了教育与科技对日本经济的影响。

如图0-1所示,在日本,有史以来第一篇与科学素养有关的论文是1975年,大桥秀雄以美国SCIS新课程改革为参照所写的《现行低年级理科的问题点》一文[3]。在此之后,对于科学素养的相关论述在20世纪90年代开始盛行。虽然当时在日本,以科学素养为讨论内容的论文多以国外(研究重点为美国AAAS的相关活动)的科学素养发展动态为研究对象,然而到了论文数量达到第一次小高峰的1994年,以日本本国的科学素养发展状况为主题的论文达到了当时发表论文的一半左右。

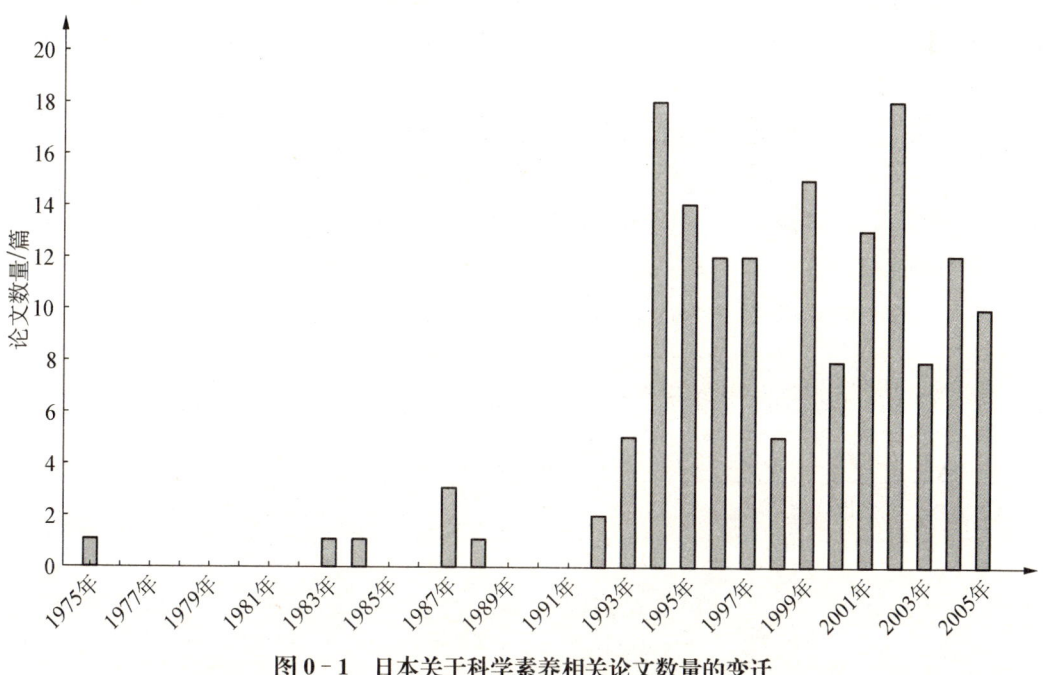

图0-1　日本关于科学素养相关论文数量的变迁

资料来源:北原和夫等.平成18年度科学技術振興調整費「重要政策課題への機動的対応の推進」日本人が身に付けるべき科学技術の基礎的素養に関する調査研究.2006

日本本土的著作中,也仅仅存在理科教育方面的著作。神户伊三郎编写的《日本理科教育发达史》[4],分为"教科书与教材""制度、思潮及其教法""现代理科教育思潮的动向"

---

[1] 梁忠义主编.战后日本教育——日本的经济现代化与教育.长春:吉林教育出版社,1988:12.
[2] 陈永明.中日教育比较与展望.北京:高等教育出版社,2003.
[3] 大橋秀雄.現行低学年理科の問題点.理科の教育,1975:166~169.
[4] 神戸伊三郎.日本理科教育発達史.東京:啓文堂,1938.

三编。虽然本书的研究并不充分,并且对于明治前期的资料调查不算详细,然而毕竟是日本理科教育史上最早的一本总括性著作。教育学家冈邦雄曾梳理过1872年至1924年期间出版的中小学理科教科书的特点和内容,写成论文《理科教科书发达史》[①]。日本理科教育界的中心人物堀七藏于1961年出版的《日本理科教育史》[②],这是日本理科教育史的经典著作,研究了从1868年(明治初年)至1946年(昭和二十一年)间日本的理科教育发展历程。全书共计3卷,分为8篇:第一篇为学制时代与教育令时代;第二篇为小学校令时代;第三篇为小学校的理科教育;第四篇为理科教育研究会的相关活动;第五篇为师范学校的理科教育;第六篇为中学校的理科教育;第七篇为女子高中的理科教育;第八篇为国民学校与中等学校的理数教育。日本科学史学会于1978年出版的《日本科学技术史大系·第9卷·教育》中收集了自江户时代至昭和末期日本历代与科学技术教育相关的国家政策、课程大纲、学校文件等众多史料,尤其侧重于对于中小学校理科教育及其技术教育的情况,是一本关于科学教育的资料的文集与汇编。

在日本,正式提出"科学素养"的概念始于20世纪70年代。日本国立教育政策研究所曾经做过统计[③],至2005年期间,以"科学素养"为主题发表的论文共计836篇,就研究领域来说,理论研究相关有60篇;理科教育相关有307篇;数学教育相关有168篇;技术教育相关有148篇;博物馆教育相关有6篇;教育学相关有147篇。近年来,出版了一系列与科学素养领域研究相关的报告书,如文部科学省科学技术政策研究所2005年2月的《科学传播扩大化》报告书、国立教育政策研究所2004年12月编写的《OECD学生的学习掌握程度调查(PISA)》、日本学术会议青少年科学力增进特别委员会于2005年7月编写的《为了提高次世代的科学能力》的报告。

表0-1搜集了日本科学素养的相关研究者的论文中,对于国外科学素养相关最新理论的引进以及自行研究的历时发展过程。

表0-1 日本国学者引入西方科学素养理论的情况

科学素养理论的提倡者·引进介绍者	科学素养的构成要素
长洲南海男(1987);Bybee(1985)所提出的NSTA的科学素养	1. 科学技术的概念;2. 科学技术的探求;3. 科学、技术与社会的相互关系
平一弘(1988)、鹤冈义彦(1993)、古田良一(1998);Pella et al.(1966)	1. 科学的知识;2. 科学的本性;3. 科学的伦理;4. 科学与文化;5. 科学与社会;6. 科学与技术
三宅征夫(1992)	1. 对于科学的客观事实与现象的记述能力、阅读能力及评论能力;2. 对于科学事实、概念、原理及其理论的理解;3. 运用科学知识的能力;4. 科学观;5. 关心科学的发展;6. 理解科学的本质;7. 理解社会中科学技术与环境的关联

[①] 岡邦雄. 唯物論と自然科学-第一評論集-. 京都:叢文閣,1935;302~305.
[②] 堀七蔵. 日本の理科教育史. 東京:福村書店,1961.
[③] 北原和夫等研究代表者. 平成18年度科学技術振興調整費「重要政策課題への機動的対応の推進」 日本人が身に付けるべき科学技術の基礎的素養に関する調査研究. 日本学術会議,2006.

(续表)

科学素养理论的提倡者·引进介绍者	科学素养的构成要素
鹤冈义彦（1993）、广濑正美（1997）：Klopfer & Agin 所做的分类	1. 科学与技术的概念；2. 探求的过程；3. 科学、技术、社会的关系
下条隆嗣（1995）	1. 自然的性质与环境相关的基础知识；2. 科学技术与生活、产业的关联；3. 对于科学技术的综合认识；4. 对于未知事物的挑战与探索欲望；5. 创造性；6. 问题解决能力；7. 系统的思考能力
中山玄三（1996）：Garcia（1985）提出的四大要素	1. 科学的基础知识；2. 科学的探索；3. 科学的思考过程；4. 科学、技术、社会的相互关联
中山玄三（1996）：Champagne & Klopfer 提出的五大要素	1. 科学的事实、概念、原理及其理论相关的知识；2. 日常生活中科学知识的应用；3. 科学探究过程中的能力；4. 科学的特性，科学、技术、社会相关的理解方式；5. 关于科学知识的学习态度与兴趣
中山玄三（1996）：AAAS（1990）提出的六大要素	1. 创造的思考力与合理的思考力；2. 伦理道德判断的相关价值观与态度；3. 对于环境与地球社会相互依存关系的理解；4. 整体把握能力；5. 科学概念以及原理的实际运用；6. 科学机器的操作与信息传达
霜田光一（1997）	1. 科学的基础概念、规律与意义的理解；2. 科学的态度与思考方式；在实验观察等探究中运用科学的方法；3. 怀有兴趣并能够理解科学新闻；4. 客观判断力。特别是能够对于科学技术的社会意义给予评价
长洲南海男主编（2001）《全美科学教育标准—展望美国科学教育的未来》中的分章构成	1. 统合概念与过程；2. 作为探究的科学；3. 物理科学；4. 生命科学；5. 地球、宇宙科学；6. 科学与技术；7. 个人与社会展望的科学；8. 科学的历史与本质
熊野善介（2002）：Bybee（1997）的五阶段论	1. 无科学素养（scientific illiteracy）；2. 名称上的科学素养（Nominal Scientific Literacy）；3. 功能性科学素养（Functional Scientific Literacy）；4. 概念的程序性科学素养（Conceptual and Procedural Scientific Literacy）；5. 多维的科学素养（Multidimensional Scientific Literacy）
熊野善介（2002）：OECD·PISA 的三个观点	1. 科学的概念；2. 科学的方法；3. 状况
矶崎哲夫（2003）：Solomon 的定义	1. 阅读科学相关资料并理解的能力；2. 能够发表自己对于科学的看法与意见；3. 无论现在还是将来，都密切注意科学的动向；4. 参与民主决策；5. 理解科学技术与社会的相互作用
矶崎哲夫（2003）：Driver *et al.* 的定义	1. 科学内容的理解；2. 科学探索的方式；3. 作为社会事业的科学
清水钦也（2004）：Miller（1983；1995）的定义	1. 科学相关术语的概念；2. 科学的发展过程；3. 科学技术的社会影响

(续表)

科学素养理论的提倡者·引进介绍者	科学素养的构成要素	
日米理数教育比较研究会(2005): AAAS 的《为了所有美国人的科学》报告(1989)中的分章构成	第1章——科学的本质; 第3章——技术的本质; 第5章——生命环境; 第7章——人类社会; 第9章——数学的世界; 第11章——共通的主题; 第13章——有效的学习与指导; 第14章——教育改革;	第2章——数学的本质; 第4章——物理的背景; 第6章——人类; 第8章——被创造的世界; 第10章——历史的观点; 第12章——思考的习惯; 第15章——下一阶段

综上所述,日本对于科学素养的相关研究成果形式,多为论文以及对国外先进理论的翻译与介绍,日本迄今尚未有一部自己编写的国民科学素养培育史。与此同时,我国对于日本科学素养的相关发展情况也鲜有关注与了解。

然而借鉴他国,尤其是邻国日本的发展经验,对于更好地进行我国的科学素养培育事业有着很大的益处,是比较有意义的。本书在国内外前人所做研究的零碎片段基础上,以自日本国明治维新以来日本国国民科学素养培育发展历程为对象进行研究分析;对其科学素养的具体发展特征、各时期的中小学理科教育及其社会中科学教育的具体内容和结构梳理出发展脉络,总结日本各时期发展的经验和教训,力求做到条理清晰、内容全面、取舍得当、论述客观,力求为推动我国21世纪国民科学素养的事业提供一些启示与借鉴。

第三节 研究范围

一、"科学素养"概念的界定

自1952年由科南特(Conant)提出"科学素养"[①]的概念之后[②],其概念在世界范围内一直都在随着社会的变化与人们认识水平的提高而不断地进步与发展着。现代对科学素养概念的讨论从赫德(Paul Hurd,1958)[③]开始,到德波尔(DeBoer,1991)[④]、夏莫(Shamos,1995)[⑤]、杜兰特(Durant,1992)[⑥]和米勒(Jon D. Miller,1992)等众人的讨论,"科学素养"这个术语的内涵出现多元化解释。

---

① 柯南特将"科学素养"称为"Science Literature"。
② 程东红. 关于科学素质概念的几点讨论. 科普研究,2007(3):6.
③ Hurd, Paul DeHart. Scientific Literacy: New Minds for a Changing World. Science Education, 1998:82.
④ George E, DeBoer. A history of ideas in science education. New York: Teachers College Press, 1991.
⑤ Morris H, Shamos. The myth of scientific literacy. New Jersey: Rutgers University Press, 1995.
⑥ John Durant. Public understanding of science in Britain: the role of medicine in the popular representation of science. Public Understanding of Science, 1992,1(2):161~182.

本杰明·沈(B. Shen,1975)首开科学素养内涵分析的先河[①]。他提出了三类不同性质的科学素养,即实用科学素养(practical scientific literacy)、公民科学素养(civic scientific literacy)和文化科学素养(cultural scientific literacy)。其中,实用科学素养是指掌握某些科学知识和技术知识,直接来解决实际问题;公民科学素养是指能够理解科学决策和与科学有关的政策及其背后的科学问题,以参与和影响公共政策;文化科学素养是能把科学作为人类文化的结晶来学习和理解。

1983年,米勒为了大规模科学素养调查的顺利进行,提出了科学素养概念的"三维模型",其包括三个维度,即:对科学原理和方法(即科学本质)的理解;对重要科学术语和概念(即科学知识)的理解;对科技的社会影响的意识和理解[②]。现在,许多国家公民科学素养的调查都按照米勒模型进行问卷设计。

拜比(Roger Bybee)[③,④]认为科学素养分为四个级别:第一级别为名称的理解、第二级别为机能的理解、第三级别为概念的方法的理解、第四级别为多面的理解。Michael Shortland[⑤]认为,"科学素养"这个概念包含:(1)正确评价科学技术的性质和目标,包括它们的历史渊源以及它们所蕴含的认识论和实践价值;(2)了解科学技术的实际工作方法,包括研究的资助、科学工作的一般步骤以及新发现的应用;(3)基本掌握如何解释数据,特别是有关概率和统计的数据;(4)在所选定的科学领域有一般的基础训练,包括一些关键的学科、领域,如物质和能量、信息理论、环境与保健;(5)正确评价科学、技术和社会之间的相互关系,包括科学家和技术人员作为专家在社会中的作用,以及有关政治决策过程的结构。(6)有在将来更新并获取新科学知识的能力。

欧阳钟仁认为科学素养涵盖了个人对科学概念的了解,熟练的应用科学方法以及培养科学态度和建立价值观。他认为科学素养的特征为:(1)了解并能正确地运用科学概念;(2)探讨和解决问题时运用科学过程的技巧;(3)明了科学的本质及科学事业;(4)明了科学、技术与社会三者之间的关系;(5)具备发展与科学有关的实用技术;(6)把探究科学当成终身嗜好;(7)要有严正的科学态度和价值观[⑥]。

国际学生科学素养测试大纲的科学素养测试模型国际学生科学素养测试大纲(Programme for International Student Assessment,简称PISA)提出的由三个方面组成的科学素养测试模型为:科学的基本观点,内容包括生命与保健科学,地球与环境科学,技术中的科学;科学实践的过程,重点是获取证据、解释证据并在证据的基础上进行科学活动的进程,包括确认科学问题、寻找证据、作出结论、与他人就结论进行交流、表明所了解的科学基本观点;科学场景,主要选自人们日常生活中的科学问题,而不是学校教室、实

[①] Benjamin S. P. Shen. Science Literacy and the Public Understanding of Science, Communication of Scientific Information. Karger, Basel, 1975:44~52.

[②] Jon D. Miller. Scientific Literacy: A Conceptual and Empirical Review. Daedalus, 1983,112(2):29.

[③] Bybee, W. Rodger. Achieving Scientific Literacy: From Purposes to Practices. Heinemann, 1997.

[④] Bybee, W. Rodger. Towards an Understanding of Scientific Literacy. Scientific Literacy: An International Symposium. Kiel Germany, 1997.

[⑤] Michael Shortland. Advocating Science: Literacy and Public Understanding. Impact of Science on Society, 1988.

[⑥] 欧阳钟仁. 科学教育概论. 台北:台湾五南图书出版公司,1998:112.

验室的科学实践或专业科学家的工作。

日本学术会议"科学技术的智慧计划"研究代表者北原和夫从功能的角度探讨了科学素养概念。他认为科学素养可以分为三个阶段：第一阶段是最基本的生活常识素养；比如家电产品的故障措施应急能力；安全、安心的生活所必需的知识。可以说，这一阶段的"素养"根本意味上和"识字"相对应；第二阶段的科学素养是在科学技术对于人们的生活方式有很大影响的现代，人们不仅仅应该具有享受科学技术成果的能力，而且有责任去探究科学的本质和原理。这个行为在发达国家用"科学和社会"这个词语来表示。第三阶段的科学素养是不同职业的工作人员、不同研究领域的研究人员互相之间的交流的能力[①]。

日本名城大学数理教育中心的主任川胜博教授认为，具有科学素养的人能够在人与环境相互作用时，理解科学技术的性质、概念、原理、过程，并把它用于日常生活的决策中。有科学素养的人应该具备基本的科学技术知识，特别是在他们自己生活的领域，而且具有解释科学技术新发展所必备的技能，特别是当这些新发展影响到他们自己或周围人的生活时，具有运用科学技术解决日常生活及社会问题的能力（包括运用科学方法的能力、判断和决策的能力、与他人合作交流的能力、自我补充和继续学习的能力[②]）。具有科学素养的人具有科学精神和科学态度，知道如何独立学习、探究、获得知识和解决新问题[③]。

下面谈谈"科学素养"的培养方式。在日本，"科学素养的培育"并不是一个孤立静止的概念，而是一个动态、历时的概念，它与社会的具体语境密切联系。在日本，这一概念随着时代的发展而不断演变、发展着。明治时期至二战后初期，国民科学素养的培育受到美国当时盛行的实用主义的影响，其具体活动带有明显的功利性。当时的政府更多地倾向于能够直接转化为生产力的技术素养的培育，国民的科学素养主要局限于"技术的应用能力"方面。到了20世纪60、70年代，随着经济的不断发展，日本政府更多地关注国民生活中的科学素养与工厂中工人和技术人员的科学素养，当时的国民科学素养主要聚焦于"科学技术与生活・产业的联系"。20世纪80、90年代的时候，日本社会出现"疏远理科"现象，于是"促进国民对于科学・技术・社会关联性的理解"便成为当时的科学素养培育关键词。到了21世纪，日本政府旨在通过大力发展理科教育来提高学生的科学素养，以培养未来的科学家和工程师。与之相适应，在公众科学素养方面，也强调理解科学术语和科学过程，能阅读报纸或杂志上有关的科学技术方面的报道和争论。国民并不是单纯机械被动地接受科学知识，而是用自己的思想、以批判的眼光来看待和了解科学。同时，认识到科学的双面性，了解科学、使用科学而不盲从。作为21世纪的国民，应当具有科学素养，拥有自己的主见与判断力，具有问题意识，亲近科学并能够在与科学技术研究者的顺利沟通与交流中自由地传达自己的看法。

二、日本国民科学素养的构成要素

在日本，国民科学素养的培育事业包括有"科学教育"和"理科教育"两大要素。

[①] 北原和夫.「科学技術の智」プロジェクトの目指すもの.学術の動向,2009(4)：8～13.
[②] 川勝博.すべての人々にとって科学リテラシーとは.理科教室,2010(1)：6～13.
[③] 川勝博.何のために全ての人々に科学リテラシーが必要か.学術の動向,2009,14(4)：13.

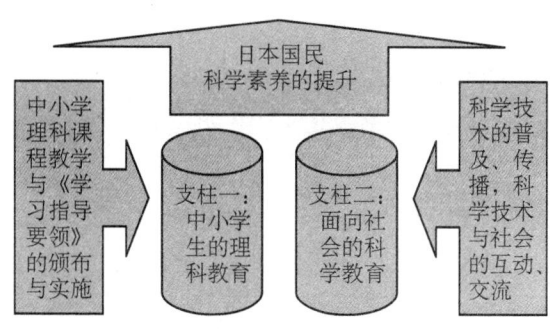

图 0-2　日本国民科学素养的构成要素

"科学教育"（science education）在日本是个来自欧美国家的舶来词。科学教育的对象范围比较广泛，包括社会中普通大众范围内的青少年、大学生以及成人。科学教育既包括对于科学的探索，也包括社会科学及其教育理论。"科学教育"有着广义与狭义之分。广义的"科学教育"指的是包括中小学的理科教育在内的、以全社会为范围的、以国民科学素养提高为目标的教育；狭义的"科学教育"仅仅指社会中针对国民大众的教育，而不包括针对中小学生的理科教育。

日本国的"理科教育"一词则是源于日本本土，其概念也有广义与狭义之分。从广义上来讲，源自本土的"理科教育"一词和其源自国外的"科学教育"一词在概念和范围上来说并没有多大区别，因此在这个层面上，在某些特定语境之中"理科教育"与"科学教育"这两个词经常被赋予等同的意义，可以互相换用；然而如果从狭义上讲，"理科教育"则特指从小学三年级开始至高中这一特定时段的、以中小学校的学生为特定受众的理科教育，是关于《理科》这一门课程中小学教育活动与内容等的统称，而与社会中以全体国民为受众对象的科学教育并无关联。同时，日本的"理科教育"既包括"课堂内教育"也包括"课堂外教育"，"课堂内教育"即为教学大纲规定范围内由学校教师教授的数学、物理、化学等一系列课程；"课堂外教育"则主要指社会中以青少年为对象而举办的一系列激发其对科学研究探索的兴趣的活动。

在一些论文中，"理科教育"和"科学教育"两词经常被混为一谈。而本书将对这两个名词的使用做出严格的概念界定。这里需要预先说明，本书中所提及的"理科教育"均仅指日本国"中小学阶段学校内部"的理科课程教育。而"科学教育"的内涵概念范围，则根据具体语境的不同而有所出入，到时会予以特别说明。

总的来说，理科教育的主要受众对象是青少年；而科学教育的受众对象为全国的国民大众。日本向来注重对于中小学生的理科教育课程的开发以及对于学生科学兴趣的培养。青少年和儿童是一个国家未来的希望。受到良好理科教育的青少年将来都会是具有较高科学素养的社会成年人。因此日本一直以来都不遗余力地进行各种理科课程改革，建立健全理科教育制度，以求少年儿童科学素养的充分发展，这是日本国国民科学素养提高的不可或缺的重要方面。

与此同时，一向深知"科技强国"道理的日本政府也在以社会中国民为对象的科学教育事业上下了很大功夫。日本一向注重举办各类大型科学论坛、研究人员科学技术成果展、科研人员与国民大众的交流会等来促进国民对科学的兴趣,提高国民的科学素养。日本政府认为,对于成年人的"科学教育"是继学校"理科教育"之后的社会中成人的再教育。其目标是,努力做到国民科学学习的终身化与国民科学素养提高的终身化。

三、世界范围内的科学素养发展宏观历程

纵观世界范围内各个国家的民众科学素养培育发展的历史进程,大致都要经历以下三大发展步骤:

第一阶段为"科学技术普及"(science popularization)阶段。时间是二战以前,在此期间,提高人们科学素养的主要方法是向民众灌输和传播具体的科学知识。传播的主体主要是科学家,内容上较多介绍科学技术的细节而较少关注科学技术的宏观整体及其社会影响,形式上是一种自上而下的灌输,理论上只是科学知识的单向传播。

第二阶段为"公共理解科学"(public understanding of science)阶段。时间是二战以后至20世纪80年代。随着科技与社会的发展,特别是一系列公害问题以及生命伦理问题的出现,科学技术的社会效应得到强烈关注,公众产生了理解科学的强烈要求。于是,单向的传统科普模式已经不适应社会发展的需要。1985年,英国皇家学会发表了著名的《公众理解科学》报告,正式标志着传统科普阶段向"公众理解科学"阶段转变。这一阶段的活动主体很大程度上是社会性的,即更加注重科学的社会效果,其重要任务就是判断和引导公众理解科学、全面正确认识科学。

第三阶段为"公众参与科学"(public participation of science)阶段。时间是20世纪90年代至今。在90年代,全球范围的公众科学素养测试纷纷展开,对公众科学素养的培育成为科学普及的重要任务。在这一时期,美国启动了《2061计划》,印度实施了《全面素养计划》,日本实施了《科学技术的智慧》计划。如果说最初科学家希望社会了解具体的科学技术知识,然后是社会从生存意义上关注科学技术的价值负荷,那么现在则是不同体制的国家都在希望通过科学的社会传播,提高本国在世界上的综合竞争力[①]。

第四节 研究架构与方法

一、研究架构

无论是在日本还是在我国,均没有专门探讨日本科学素养培育发展整个历程的专著或论文。关于日本国民科学素养中"理科教育"这一方面的著述较多,因此,我们只能间接地通过参考既有的一些对于国民科学素养的研究成果中关于日本发展理科教育的历史分期,或是对于国民科学普及的历史分期,以此来作为本书的历史分期方法的参考借鉴。

胡继渊和张克裘在《日本美国科学教育的撷谈和启示》一文中将日本科学教育的发展

---

① 世界科学会议. 科学と科学的知識の利用に関する世界宣言,1999.

历史划分为三个阶段：第一阶段为启动阶段，从明治初期开始；第二为革新阶段；第三阶段从20世纪70年代起，为了顺应世界新科技发展的呼唤，日本的科技教育进入的一个崭新发展的阶段①。郑长龙等在《日本理科教育发展史略》一文中将日本理科课程的发展大致可分为"二战前"和"二战后"两个阶段。雷树人在《日本的理科教育改革》一文中，对日本自二战以来至20世纪80年代的理科教育历史划分为：从1947年开始的"生活化理科"、从1958年开始的"系统化理科"、从1968年开始的"现代化理科"以及从1977年开始的"人性化理科"四个阶段。

朱秋云在《日本科普概况》一文中将自明治维新时期打破锁国主义开始100多年的科普历史划分为三个阶段：第一阶段为明治维新至二战，属于启蒙阶段，科普事业主要是正确翻译和向公众普及西方的科学术语；第二阶段为二战战败后，日本在20世纪50年代初确立了"贸易立国"的战略方针，以迅速恢复国家经济；第三阶段是20世纪80年代初，日本经济已名列西方世界第二，于是日本提出"技术立国"的新口号，其精髓是重视知识分子、重视科技。

《日本科学技术史大系·教育》将明治维新以后的日本的科学教育历史划分为两大部分：第一部分为自明治维新始至昭和初年止；第二部分为昭和初年至20世纪60年代。

社会语境在不断地变化发展，日本国民科学素养的培育历程随着社会语境的变化而发展。本书试以日本国民科学素养培育历程中的重要政策的颁布或标志性事件为节点，将日本国民科学素养的培育历程划分为如下四个历史阶段，如图0-3。

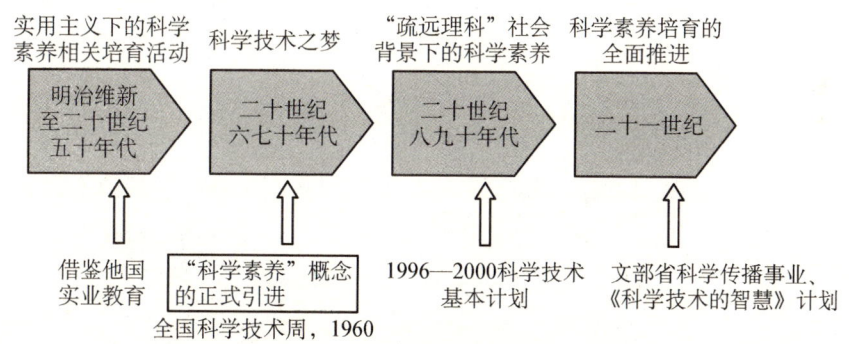

图0-3 本书的历史分期依据

需要特别说明的是，"明治维新至20世纪50年代"这一历史阶段的科学素养培育相关活动只是作为本书的一个发展背景来进行介绍。因为在日本，正式提出"科学素养"这一概念始于20世纪70年代日本学者对于美国科学素养相关理论的引进与借鉴。在此之前，日本虽然没有科学素养的相关理论，然而自明治维新始，已经在美国实用主义思潮的影响之下，产生了国民科学素养培育相关的具体活动。所以，本书将"明治维新至20世纪50年代"这一历史时期日本科学素养培育的相关情况作为日本国民科学素养培育历程史的一个"前史性"介绍。虽然在两次世界大战期间（尤其是日本作为军国主义国家的二战

---

① 胡继渊,张克裘.日本美国科学教育的撷谈和启示.外国中小学教育,2001(4)：17～20.

时期)对于日本的国民科学素养培育来说是黑暗时期,然而其战后迅速向美国学习、积极接受改造又为战后的快速复苏与崛起奠定了良好基础,给20世纪70年代对于科学素养概念的顺利引进创造了前提条件。

本书的具体分期如下:

第一阶段:明治维新(1868)—20世纪50年代

这一阶段是日本国民科学素养培育历程的一个背景,是日本国民科学素养培育的萌芽阶段,也即日本近代向西方学习的起点阶段。

第二阶段:20世纪60、70年代

这一阶段是日本科学素养培育历程中的正式启动阶段。在此期间,1960年代日本开始了"科学技术周"的面向全体国民的科学技术普及活动。1970年代,日本学者正式从美国引进了"科学素养"这一概念。

第三阶段:20世纪80、90年代

这一阶段是日本国民科学素养培育历程中的曲折阶段。自明治维新以来日本长期施行科学技术实用主义引起了弊端:"疏远理科"的社会现象。日本政府为了解决这一问题,提出了一系列对策。

第四阶段:21世纪

这一阶段是日本国民科学素养培育的发展阶段。在此阶段,各种国民科学素养相关测评纷纷展开,日本国借鉴美国的"2061计划",拟定了本国的国民科学素养培育的标准与行动框架。

二、研究方法

从康德开始,经由边沁、弗雷格、维特根斯坦到奎因和戴维森,语境论越来越明晰地表明,任何一个语境要素的独立存在都是无意义;任何要素都只有在与其他要素关联存在的具体的或历史的语境中,才是富有生命力的[①]。Jon D. Miller[②] 于1989年2月在旧金山美国AAAS年会上的发言中认为:科学素养的所有目标和目的都建立在社会语境中,其本质与其社会相关。科学传播语境,也就是科学传播发生、发展的社会历史环境、政治经济环境、文化思想环境等诸多因素的总和[③]。科学素养是一个社会性质决定的概念,其概念依时间、经济发展阶段、社会群体或社会条件不同而变化。本研究主要基于科学社会学的视角,运用语境分析方法和传播学理论,将国民科学素养的发展置于社会历史发展的广阔背景中进行研究。综合运用文献研究法、个案分析法与分析归纳法等,具体分析每个不同阶段的社会语境、国民科学素养观以及当时的发展情况,总结不同历史时期的特征。

本书将侧重于从不同时代的经济政治环境、思想文化环境及其科学技术环境等诸方面进行科学传播语境的考察,并对历代发生的标志性重大事件加以个案分析。即OECD

---

① 郭贵春. 语境与后现代科学哲学的发展. 北京:科学出版社,2002:541.
② Jon D. Miller. Civic scientific literacy: A necessity in the 21st century. FAS Public Interest Report. 1/2.
③ 黄华新,俞国女. 社会语境中的科学传播. 科学学研究,2004,22(4):345~348.

(经济合作与发展组织,全称：Organization for Economic Co-operation and Development)所强调的"科学与境"(即科学在社会中的环境及与社会的互动)。分析各阶段的主流政治、经济、文化和历史因素与公众科学素养培养实践活动及其理论研究之间的关联状况。将科学素养置于日本的宏观社会历时发展背景之下进行动态的考察。通过对科学素养语境以及不同时期科学素养有关专有名词、口号、定义及其增进国民科学素养的手段和方式、科学素养的传播内容、传播形式以及传播对象之间关系的分析,理清自明治维新以后日本国民科学素养培育历史的发展脉络。针对每一历史阶段,选择有代表性的事件或著作进行分析,从而更有层次感、更为具体直观;同时重视科学素养与其语境的关联性研究。根据每一阶段的社会发展情况,分析当时与科学素养成长相关的政治、经济、文化综合语境。政治语境侧重于当时国家相关政策法规的分析;经济语境从科学技术与生产力关系、科学技术与国力的关系进行阐述、而文化语境则侧重于国民对科学的态度分析。在历史阶段划分的基础上,考察每一阶段的科学素养发展状况及其特点,尤其是科学技术政策语境对其的影响。

第一章

萌芽阶段的1868年—20世纪50年代:"实用主义"

1868年明治维新起至20世纪50年代二战后初期这段时间之内,日本经历了两次历史进程的"飞跃":第一次"飞跃"是1853年美国"黑船来航"事件打破了日本长期以来幕府统治闭关锁国的状态,使得维新派揭竿而起,展开了著名的"明治维新"运动。其间,在"文明开化"的新思想浪潮之下,明治政府引进先进的科学教育理念和思想并大力发展实业教育;第二次"飞跃"是在1945年二战结束,作为战败国的日本在美国的占领和引导下大力吸收西方民主文化,建立了现代国家体制。

1962年,日本政府发表了《日本的成长和教育》教育白皮书,书中总结这段历史的经验时指出:自明治维新改革以来,日本的经济迅速发展。特别是第二次世界大战结束后,经济的飞速增长举世瞩目。日本之所以能够取得如此巨大的成就,这是与日本政府一直以来重视科学技术的发展、推动科学知识的普及以及推进实业教育事业是分不开的。日本在这段时期内培养出的大批科学技术人才及工商管理人才推动当时日本经济的发展,使得日本迅速赶超英、美等西方资本主义老牌大国,国力迅速跃居世界前列。

第一节 明治维新时期(1868—1914)

一、社会语境综述

1853年,美国远东舰队司令佩利率领的军舰抵达日本,并武力威胁日本与其通商,这使得长达两百多年来一直都实行闭关锁国政策的日本被迫打开国门。接踵而至的西洋诸国逼迫日本与其签订了一系列所谓"亲善条约"。面对如此空前的民族危机以及欧美列强咄咄逼人的巨大压力,日本社会中的一些忧国忧民的有识之士意识到,多年的闭关锁国政策所造成的日本国内发展的严重滞后,使得欧美列强有对于本国形成巨大威胁的可趁之机,另一方面又敏锐地觉察到,唯有积极主动地向西方先进国家学习,才能使得日本国力强盛起来,早日缩小与先进国家之间的差距[①]。

1868年,日本进行了举世瞩目的明治维新,维新派彻底推翻德川幕府的封建统治,建

---

① 许晓光.论明治维新前后日本洋学兴盛的社会条件.四川师范大学学报,2008(3):126~132.

立和巩固了以明治天皇为首的新政权,日本的近代化进程正式开始①。

表 1-1 是 15 世纪至 19 世纪期间欧美诸国与日本社会发展的历时对比。日本近代的科学发展与产业兴起都是从 19 世纪的明治维新改革开始的;因此日本与欧美以牛顿学说为代表的 17 世纪的科学革命相比迟了 200 年,而与欧美的产业革命相比则迟了 100 年之久。当时的日本面临欧美列强的威胁,深深了解自身发展程度的落后,于是积极引进欧美列强的先进技术与近代制度以加速其自身的现代化和工业化②。因为技术导入和引进的迅速,日本很快就开始迅速发展,和发达国家的差距越来越小。由于明治政府的重视与大力引进国外先进的科学技术,因此从那个时期起,日本的科学技术已经逐渐开始初成体系。

表 1-1　日本与欧美诸国社会发展进程之对比(1400—1800 年)

年代	日本	欧美诸国
1400	战国时代(应仁之乱,1467)	大航海时代(哥伦布发现新大陆,1492)
1500		宗教改革(路德的宗教改革运动开始)
1600	江户时代 闭关锁国	科学革命
1700		产业革命
1800	明治维新(1868)	科学的制度化

明治政府在政策措施上取得了一系列成功。近代日本在一个值得赞扬的有效的君主立宪的官僚政府领导下,经历了一场奇迹般的经济与军事上的扩张③。完成了废藩置县的明治政府,接连不断地创立近代教育制度,颁布《学制》、征兵令、地租改正条例等重大改革政策。维新派成员们的思想中,具有"共通"的特色。这种"共通"特色主要包括:第一,采取文明开化的政策,将人民从专制中解放出来,正在完成向国家富强大步迈进;第二,认识到比起欧美强国来,开化仍不先进,尽管外表盛大,内容并不伴随之,人民因而愚昧,卑屈无力④。自明治维新以来,当时国民对社会和国家事务的关注程度比以前有所提高,表达思想的欲望更加强烈。新成立的明治政府的舆论政策也相对自由,连西方学者也认为"新政权的第一个十年左右是在许多方面相对'自由主义化'的时期。建立有时被称为'天皇制'的镇压机构和意识形态网,实际上只是到了 1881 年才开始的。"⑤

明治维新确立了文明开化、殖产兴业、富国强兵等治国政策。在建立现代国家体制之后,为了实现工业化,日本首先由国家建立起铁路、电信、邮政等使工业顺利发展的动脉和神经。日本的近代化自 1868 年起飞速发展,机械制造业和纺织业等产业很快兴盛起来。

---

① 科学技术政策史研究会.日本の科学技术政策史.东京:未踏科学技术协会,1990:16.
② 井上清.日本历史.天津:天津人民出版社,1975.
③ 森岛通夫著.日本为什么"成功".胡国成译.成都:四川人民出版社,1986:26.
④ 远山茂树.思想.明六雜誌,1961:447.
⑤ 乔恩·哈利戴.日本资本主义政治史.吴忆萱等译.北京:商务印书馆,1980:56.

同时，政府重视普及学校教育、社会教育、在职教育和启蒙教育，普及科学技术，转变人民不重视科学、不重视经营，鄙视技术、鄙视管理的陈腐观念，完成封建制度向资本主义制度转换的思想准备工作，这对日本后来产业革命的发展是至关重要的。

二、"文明开化"运动的精神构造

明治政府刚成立的1868年3月14日，明治天皇便在《五条誓文》中提出了"应求智识于世界，大振皇基"①的誓词。新掌权者不仅要求自己有国家理性，而且打破了以前的墨守成规之风气，主张全国人民向世界先进国家学习，由此日本人民向西方学习先进思想文化的热潮势不可挡。日本的历史学家竹越与三郎针对当时的日本现实论述道："如此，以妖怪为依据的乡村佛教首先被自然科学所颠覆；由迷信和恐怖所维持的社会上下等级，被自主自由的文字打破；旧风旧习皆被文明开化之文字搅乱。夫旧社会之纲纪唯恐惧和迷信也。旧社会之人民，若不为违犯法律之恶事，由于迷信；彼等若不犯上，乃由于恐惧。然而今天，此恐惧和迷信被滔滔大波从根底荡涤。人心作为正在被解放者，几乎与18世纪欧洲人民一样可观。"②这段文字生动描述了幕末到明治初期日本社会在思想文化方面的剧烈变化。这种变化既表现出日本人民接受西方近代化思想文化的热情，也表明进一步学习和宣扬这种先进文化有了良好的社会基础。

所谓的"文明开化"也就是明治时期政治、经济、社会诸方面的大改革和新建设所伴随的文化上的大改革。这次文化改革从吸取书本中的西方文明开始，使得日本文明急剧西洋化。

"文明开化"运动的主要精髓有如下两点：第一，解放自我。设立崇尚自由独立精神的民选议员来发布宪法；第二，解放欲望，采用金钱至上的资本主义实业经济来实现国家的富强，见图1-1。

近代日本能够在内忧外患的局面下迅速摆脱落后状况走上资本主义道路，走上了富国强兵之路并且跻身于世界经济发达国家之林，并进而对亚洲各国构成威胁，其精神动力决非一般学者所主张的那样，是来自内部传统文化，而是源于对更加先进发达的西方思想文化的吸收、消化、改造和运用，其具体表现就是洋学兴盛。日本相继学习来自葡萄牙的"南学"，来自荷兰的"兰学"以及来自英、法、美等国的文化，

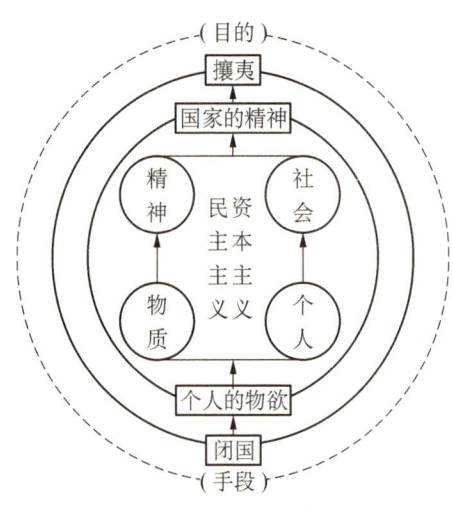

图1-1　"文明开化"运动的精神构造③

---

① 明治天皇.御誓文之御寫.明治文化研究会.明治文化全集：第1卷皇室篇.東京：日本評論社，1992：68.
② 松島榮一.明治史論集（一）.東京：筑摩書房，1965：152.
③ 家永三郎.日本文化史.刘绩生译.北京：商务印书馆，1992：199.

即日本吸收欧美先进国家的思想文化后形成的学问,有别于依据以朱子学为核心的儒家传统文化而形成的学问①。明治维新后,日本从幕府末期的被动开国转向积极主动开国,为"洋学"的发展创造了充分的条件。洋学时代的到来,成为日本近代科学蓬勃发展的重要标志,并为日本现代化科技的迅速发展与普及奠定了坚实基础。

三、岩仓使节团西洋之行

明治维新于1869年实现"版籍奉还",1871年实行废藩置县,这些措施使得新政权得到进一步巩固。但是,面对幕府统治刚刚被推翻、一切百废待兴的局面,新政府在内政外交上面对着重重困难和多个问题:国家的下一步基本计划如何?如何改革内政?如何制定法律?如何制定外交政策?而这些问题和日本未来的前进之路密切相关。

对此,新政府中的开明派如大久保利通、伊藤博文和大隈重信等人建议"派遣才智卓越精通外语且通晓我国内事务者,前往欧洲诸国及美国调查交际实况,条约缔结及诸税务所规则等"②,以便通过对国外先进经验的学习考察然后制定本国的相关政策制度和法规。1871年,新政府任命大臣岩仓具视为特别任命全权大使,大久保利道、木户孝允、伊藤博文等政府的实力派领袖人物为副使所构成的大规模使节团。同时明确其三件任务:首先,作为明治新政府的代表团对西洋诸国进行首次访问;其次,谈判修改以前签署的不平等条约;第三点也是最重要的,视察欧亚各州最开化昌盛之国体与各种法律规章等是否合于实际事务之处理,探求公法中适应之良法,调查施之于我国国民之方略③。明治政府还在《派遣特命全权大使事由书》中特别强调说"内政外交,其成与否,实在此举"④。

岩仓使节团于1871年12月23日从日本出发,访问了美、英、法、德、俄、意和奥匈帝国等12个国家,共计历时1年10个月,耗费100万日元,占明治政府1872年财政总收入的2%⑤。这一世界史上空前绝后、古今历史中无与伦比的文化大事业⑥显示了明治政府"求知识于世界"的坚定决心。

虽然因为其自身国力的衰弱,与欧美列强商榷修改条约的愿望没有得到实现,然而此次考察却也大有收获。岩仓等人在对于诸国的访问中,敏锐地捕捉到了各国政治经济、社会文化、军事产业等各方面情况。

首先,找到了发生资本主义经济的"范本"。19世纪70年代的欧美正值自由资本主义发展的高峰,资本主义在工业、农业、商业、贸易、科技、教育等领域都呈现出空前繁荣。尤其是当时"世界工厂"英国最是令使节团大开眼界。他们开始思考欧美资本主义社会繁荣发展的原因,同时进行自身的反省,意识到长期以来幕藩体制之下的日本长期推行闭关锁国、重农抑商政策而造成的落后。对此大久保利通认为,富国强兵必须从殖产兴业下

---

① 许晓光.论明治维新前后日本洋学兴盛的社会条件.四川师范大学学报,2008(3):126~132.
② 春亩公追颂会编.伊藤博文傳.福冈:统正社,1944:595.
③ 大久保利谦.岩仓使節の研究.東京:宗高书房,1976:161~162.
④ 同上,184.
⑤ 畑山专太郎.征韩論实相.東京:楚南拾遗社,1909:231.
⑥ 井上清.日本历史(中卷).天津人民出版社,1975:523.

手,着实研究其进步发展①。决定以英国为范本,在日本大力发展资本主义工商业。

其次,使节团的此次访问明确了推进近代国民教育的意义。岩仓所率的使节团不仅对整个欧美资本主义社会的政治体制与经济结构有了全面的认识,还深入到意识形态领域。他们经过考察及其比较之后发现,东西方在思想领域有着根本的价值观和世界观的差别。他们得出了"西方人注重实学,东方人笃信玄学。"②西方的教育目标是"能促进实学,发现对工商业之实益,以成富庶之媒介"以"培养殖富之本源,而使国家兴盛勃起。"③特别是岩仓考察了当时在维也纳举办的万国博览会之后,感叹于西方文明的"自主精神"和西方各国人民的"自由精神"。

通过这次出访,使节团的成员们亲眼目睹了西方的物质文明和精神文明,看到了日本和发达资本主义国家的巨大差距。最重要的是,通过此次出访,他们知道了实现日本近代化的具体途径,使其建设近代国家的宏大规划,建立在对整个世界形势更加明了的基础知识,从而更加趋于理论化、系统化和具体化。可以说,他们对于如何实现日本的近代化,已经有了明确蓝图。回国之后,推动了一系列轰轰烈烈的资本主义改革,大力发展实业教育以促进实业经济的发展,日本通过一系列改革,奠定了资本主义发展的基础。

四、理科教育的发展

明治维新之所以取得如此巨大的成就,领袖阶层对于教育的重要性的认识至关重要。明治政府的领导人有极高的远见,他们把发展教育看做是文明开化政策的重要组成部分,是富国强兵的基础。明治维新的主要领导人木户孝允在1868年12月向朝廷提出的《振兴普通教育实乃当务之急》的建议书中说:"国家富强的基础在于人民的富强,当平民百姓尚未脱离无识贫弱之境地时,王政维新的美名终究也只能是徒有其名而已,对抗世界富强各国之目的也必然难以达到。因此,使得平民百姓的知识进步,吸取各国之规则,逐步振兴全国学校,广泛普及教育,则是今日的一大紧急任务。"④

岩仓使节团通过对西方发达资本主义国家的考察,了解并认识到教育在发展中的重要作用,痛感培养人才是根本大计。岩仓具视在《济时的策议》中说:"为了选拔培养人才,就应该在国内设置研究和、汉、洋各种学问的大学校。"⑤

明治政府将学校理科教育纳入三大政策之一的"文明开化"之中,作为启蒙近代文明、普及科学知识的一种手段,在国家领导下建立合适的新时代的教育体制。日本在认识到与西方发达资本主义国家的差距以后,及时进行教育改革。政府重视理科教育,在中小学教学科目中及时加入了新兴的物理、化学、生物等科目,并且通过师范院校大量的培养教师,为普及基础教育提供支持。这些新的学校的建立,新的基础学科在学校中的开设,为日本培养了大批的科学人才。

---

① 土屋乔雄. 明治前期経済史研究(第一卷). 東京:日本評論社,1944:37.
② 芳贺彻. 明治維新と日本人. 東京:講談社. 学术文庫,1982:236.
③ 久米邦武. 美欧回覽実記(第一卷). 東京:岩波書店,1978:163.
④ 梅根悟监修. 世界教育史大系Ⅰ. 東京:講談社,1978:189~190.
⑤ 梅根悟监修. 世界教育史大系Ⅰ. 東京:講談社,1978:187~188.

(一) 理科教育

早在1869年,明治政府就开始着手对日本教育进行改革,1871年,明治维新政府增设文部科学省,作为全国的教育行政机关,负责统辖全国各府县的学校和一切教育事业①。文部科学省的设置为《学制》的颁布奠定了基础。在其成立之后,其中心任务和目标就是如何引进欧美先进的教育制度来制成全国统一的学制。1871年12月,文部省组建了学制调查委员会,负责草拟改革方案。委员会由12名委员组成,其中大多数是当时著名的洋学家。他们主要以法国的教育制度为依据,同时也参考了英国、荷兰、德国、美国等国家的教育制度,见表1-2。

表1-2 《学制》参考外国教育制度的情况

国家	明治《学制》的条目	比率/%
法国	64	43.5
德国	39	26.5
荷兰	17	11.6
英国	11	7.5
美国	9	6.1
俄国	1	0.7
其他	6	4.1
总计	147	100

1872年,文部省颁布了日本近代教育史上第一个新学制,即《学制》,并公布了新的课程方案。这标志着在"富国强兵,殖产兴业,文明开化"的三大政策指导下,学习和模仿西方先进教育体制和科学教育思想,强化教育,学校理科教育制度逐步形成②。如表1-2所示,当时的新学制参考了西洋的教育经验。

注重吸收欧美各国现有教育经验的《学制》③,强调所有的国民都应该就学,以达到"邑无不学之户,家无不学之人"的最高目标。《学制》设立工业学校、商业学校、翻译学校、农业学校、诸民学校(对男子18岁以上、女子15岁以上的在职人员进行业余教育,也对12~17岁的人员进行职业准备教育,夜间授课)、师范学校(传授小学教育方法的学校)、残疾人学校等。大学是教授高深学问的学校,学科有理学、化学、法学、医学、数学等5科。专科学校是教授高等专科知识的学校,常聘有外籍教师,具体科目有法学、医学、理学、各种艺术学、矿山学、工业学、农业学、兽医学等。根据《学制》的规定,明治政府还设立了师范学校。其实,在《学制》颁布之前的1872年4月,文部省已向正院提出了《建立小学教师

---

① 瞿葆奎.日本教育改革.北京:人民教育出版社,1991:3.
② 日本科学史学会编.日本科学技术史大系第八卷—教育.东京:第一法规出版株式会社,1966.
③ 《学制》(明治五年八月三日文部省布达第十三·十四号)自颁布以后历经三次改订,分别是:明治六年三月十八日文部省布达第三十号,明治六年四月十七日文部省布达代五十一号,明治六年四月二十八日文部省布达第五十七号。

培训场所的呈文》,并建立东京师范学校,专门聘请美国人任教师,招收 54 名学生。为了满足普及初等教育的需要,文部省在大阪、宫城、广岛、爱知、长崎、新潟等地都建立师范学校。1874 年 3 月,在东京设立女子师范学校。据统计,到 1874 年全国已有师范学校 47 所。师范学校的设立对于提高教师的整体水平起到了积极的作用,对普及教育、普及科学知识起到了重要作用[①]。

总而言之,明治政府自颁布《学制》以来,才得以迅速普及教育,提高国民的科学文化素质。同时将日本这个国家引向了近代化,使得国民投入日本的经济建设,加速了日本的近代化进程。

总的来说,当时理科教育的基本特征有两点:

首先,从以往的"理科分科教学"过渡到"理科综合教学"。日本中小学校的理科课程最初采取重视学科体系的传统分科设置。如 1872 年由文部省颁布的《学制》在小学设置博物、化学、生物等理科课程。中学则设置地理、理学、化学、重学和植物地质矿山学等 5 门理科课程。其后随着理科教育理念的不断发展,强调与儿童生活联系,观察实验的思想愈来愈受到重视,青少年的理科课程由此走向综合化。1886 年时任文部大臣的森有礼公布了经过改革的《小学校令》与《中学校令》。小学的一个最显著变化是,理科课程不再进行分科,而是作为一门课程——理科,其内容主要是学生日常接触到的事物,如日月星辰、冰霜雨雪等自然现象。中学仍分科设置博物、物理、化学等课程。

其次,重视理科实验,政府政策有力推动。这一时期日本的学校理科教育的最大特点就是重视培养学生亲自动手进行观察实验的能力。为此,日本政府推行了一系列具体政策来推动学生理科实验的普及:第一,具体规定实验教学设备。如 1891 年颁布的《普通中学教学设备规定》要求中学配备完备的理科各科教学需要的器具、标本、模型和挂图等设备;1899 年颁布的《中学校编制及设备的规定》中要求物理、化学、博物各科要有专用教室[②]。第二,制定详细的教学纲要。1902 年,文部省制定了中学的博物、物理和化学课程的详细教学纲要,其中还包括物理和化学实验教学的注意事项,以及有关实验仪器的详细指示;1911 年改订的《教学纲要》要求学生亲自做实验。第三,废除所有的理科教科书。为了强调理科要重视学生观察实验,决定废除理科教科书,规定理科教育一律不得使用教科书。到了 1918 年,在"理科学生实验振兴运动"的推动下,日本学生实验得到全面普及。

(二) 从西洋引进的理科教学理论与思想

随着与西方诸国交往的日益频繁,欧美国家当时盛行的一些理科教育思想风靡日本。这一时期日本从美国引进《庶物指教》一书。该书以在绪言里着重介绍了夸美纽斯(J. A. Comenius)和裴斯泰洛齐(J. H. Pestalozzi)的教育思想:即尽量通过接触实物和实验来进行学习。这部书的引进,对日本的理科教育的改革起了重要作用。此外较有影响力的还有从英国翻译的教科书《科学入门丛书》;尺振八翻译斯宾塞(Spencer)的《教育论》;棚桥源太郎为介绍欧美盛行的理科教育思想而出版的《理科教学法》(1901)和《新理科教学

---

① 陈宝堂. 日本教育的历史与现状. 北京:中国科学技术大学出版社,2004:42~44.
② 李玉芳. 二战后日本中小学的科学技术教育. 教育与管理,2005(12):78~80.

法》(1913);泽田全和翻译斯考特(C. B Scott)的自然研究与儿童,命名为《初等理科教学指南》(1903);山本源之丞翻译贝利(L. H Bailey)的自然科的理念,取名为《自然研究主义——小学理科教学的革新》(1919)①。

日本当时使用的理科教材多是从英国翻译过来的,其中较为重要的是赫胥黎(T. H. Huxley)、路斯考(H. Roscoe)和斯切瓦特(B. Stewart)共同编写的《科学入门丛书》。这套丛书分为 8 册。虽然日本只译了其中的路斯考《化学》、斯切瓦特《物理》和虎克(J. H. Hooker)的《植物》,但《物理》和《化学》两书却对日本理科课程后来的发展产生了较大影响。《科学入门丛书》是当时英国为改变理科课程中盛行的知识注入式和死记硬背的倾向而编写的教材。该丛书由于强调实验和观察的重要性,以及通过实验和观察来培养学生的科学思维,因而曾被英国许多学校选为教材。日本能翻译并使用该丛书作为理科教材,应该说是具有远见卓识之举。

这些著作给这一时期的日本带来了三个理科教育思想,即生活共存体说、自然学习理念与实验室教学法。

德国教育家荣格(F. Junge)的"生活共存体学说"(Lebensgemeinshaft)是在棚桥源太郎所著的《理科教学法》(1901)一书中被介绍进日本的欧美盛行的理科教育思想,其中最具实用价值的是这一学说的基本思想,是指在固定的区域里,以集合体的形态生活着的多种生物,不是机械地集合成的集团,而是能够调整该区域的无机环境条件,利用其相互复杂的有机关系来维持生活和繁殖后代。换言之,自然界的物象不是零散或孤立存在的,而是一个相互依存的有机统一体。自然界的物象之间的这种相互整合作用的状况可以通过具体的观察来认识,但还需要通过对其整体的正确认识才能加以解决。生活共存体学说的引进,不但在当时促进了日本理科教育的发展,而且为后来综合理科的开设准备了条件。

"自然学习"(Nature Study)思想的来源是斯考特(C. C. Scott)的《自然研究与儿童》一书。1903 年,泽田全和义将此书翻译引进入日本,取名为《初等理科教学指南》。1919年,山本源之丞翻译了贝利(L. H. Bailey)的《自然学习的理念》一书,取名为《自然研究主义——小学理科教学的革新》。贝利认为自然课程应以儿童自我活动为原则;直接接触自然现象,通过观察来学习是其基本方法。

阿姆斯特朗(H. E. Armstrong)的发现式(Heuristic)"实验室教学法"可谓是这一时期日本自国外引进的最为重要的理科教学思想。战前,对于理科教育质量的改善最为行之有效的措施就是"学生实验"的实施。而对于学生实验的重视是由 1909 年—1911 年间被日本政府派遣至欧美留学的棚桥源太郎所提倡。在其留学期间,英国中学正在普及英国的化学家阿姆斯特朗的"实验室教学法"。回国后,他通过演讲会和杂志发表等形式向国人介绍欧美的最新理科教学法。1913 年,他把在欧美留学的收获整理写成《新理科教学法》一书,书中主要对"实验室教学法"进行了较详细的介绍。棚桥明确表示,此书的目的在于"将如今在欧美诸国盛行的以学生的观察实验为基础的理科教学法以及本人的意见介绍给我国的教育界"。从前的"讲演式"或"教科书式的"教学法,虽然具有短时间内能

---

① 郑长龙,林长春,陈耀亭.日本理科教育发展史略.中学化学教学参考,2006(5):1~6.

讲授较多知识内容的优点,但这种教学法不能培养学生的思考能力,所以属于旧式的教学法。而欧美的先进经验的精髓在于培养学生的研究思想与方法,而不是"满堂灌"式的教育。因此,要培养学生们的实验观察能力给他们创造进行科学探索的机会。此后,棚桥又与糟谷美一合著了以指导物理、化学相关实验为主要内容的《实验室指导》一书,这是"实验室教学法"思想具体实施的进一步发展。这种联系实际,直接接触自然,通过观察和实验进行发现式学习,综合认识自然规律的理科课程论思想,在今天仍具有重要意义。

五、实业教育的大力提倡

以中小学生为教育受众的理科教育对于国家富强、经济发展和生产力腾飞的作用是相对间接的,而以技术工人培养为目的的实业技术教育,对提高劳动生产率与促进社会的经济发展,则是直接发挥着作用。大力发展实业教育能够直接为资本主义的生产提供各级各类的技术型人才。为了更好地推进工业化,明治维新新政府高度重视实业教育①,于1894年制定了《实业教育国库补助法》,这对之后的实业教育的振兴与发展起到了很大的推动作用。此法中明文规定,政府每年对于"公立的工、农、商业学校、徒工学校以及实业补习学校"给予15万日元的国库补助。同时在东京工业学校内设置培养工业教师的机构,学制为本科两年、速成科一年。之后随着工业化程度的加大,要求技术工人所掌握的技术程度越来越高,从而使得企业界对实业教育的需求和期望日语高涨,政府为了迎合其要求,又陆续颁发了《实业补习学校规则》《实业学校令》等一系列保障其发展的法规,推动了技术学校的快速发展,见表1-3。到1900年,仅仅中等实业技术学校就增加到290所,约为1880年的近20倍。

表1-3 技术系学校数量的不断增加　　　　　　　　　　　　单位:所

项目	1896年	1905年	1914年
1. 专门学校总计	—	6	13
高等工业学校	—	4	8
农业专门学校	—	2	5
2. 实业学校总计	33	210	427
农业学校	10	117	251
工业学校	7	30	35
徒工学校	16	46	117
水产学校	—	10	13
商船学校	—	7	11
3. 实业补习学校	93	2 746	…

资料来源:中冈哲郎,石井正,内田星美. 近代日本の技术と技术政策. 东京大学出版会,1986:247

---

① 在当时的日本,"实业教育"的范围为工业、农业、商业、水产业等生产领域的技术教育。

1873年日本仅有26所专门学校，1875年日本开始设立实业学校，1876年日本大量设立各种学校，到1879年职业教育机构达到450所[①]，是1873年的17倍之多。其专业领域涵盖了工、农、商、外语、法律等多个专业。在农业教育方面，1874年4月，内务省劝业寮内设立讲授德国农学的农事修学场；工业教育方面，1873年，工部省工部寮工部学校正式开课；法律教育方面，1871年设立司法省下属的明法寮，后于1884年改为文部省下属的东京法学校；同时，外语教育方面，1873年设立东京外国语学校，对英语教育采取重点扶持政策；商业教育方面，是森有礼于1875年设立商法讲习所，这是一桥大学的前身。

通过对实业教育的支持，日本为资本主义的发展提供了大批掌握先进的生产相关知识技术的劳动力，生产劳动年龄人口的学历构成发生巨大变化，这些新增加到工矿企业中的掌握一定技术的年青工人能较快地适应新技术条件，从而大大提高了劳动生产率。所有这些都适应了"殖产兴业"等三大政策的需要，有力地促进了日本资本主义经济的迅速发展。到"一战"前夕，日本仅用半个世纪的时间就基本实现了资本主义工业化，走完了西方资本主义国家200年所走的路程。

六、社会中的科学教育

明治时期是日本理科教育发展的启动阶段，从明治初期开始，在"富国强兵，殖产兴业，文明开化"的三大政策指导下，学习和模仿西方先进教育体制和科学教育思想，强化科学教育，面向全体国民，做到"邑无不学之户，家无不学之人"，使学校科学教育制度逐步形成。伊藤博文在所著的《国是纲目》的六条建议中也论述了全国人民学习世界各国学术的重要性和提高知识水平的意义。

1873年，文部省设立文书局时成立编书课和翻译课，编译教科书。1871年至1873年，文部省翻译出版的教科书有政治、经济、物理、化学、植物、地理、农学、地质、医学、军事学、修身学、统计学等[②]。这些教科书的翻译和出版对日本推行科学教育奠定了扎实的基础，促进了全体国民科学素养的提高。

明治维新之前，日本就开始出版科学知识相关的启蒙书，但是其中大量重复的学校课本中的知识，对于扩大学生的知识面和激发学生的兴趣来说，效果甚微，所以这些读物大多出版之后很快就被人所淡忘。在日本的历史上，真正起到"科学启蒙"作用的与科学技术相关的读物，是从1886年开始出现的（见图1-2）。最早的读物是1886年山县悌三郎所翻译的《理科仙乡》[③]。1888年，山县悌三郎又创刊了《少年园》杂志，这本杂志一直发行至1895年，由当时的科学家们如矢田部良吉、石川千代松、三好学、池田菊苗、芦野敬三郎等执笔，在每期杂志上刊登理科的相关知识内容，扩大广大青少年的视野。1889年，杂志《小国民》也创刊了，这本杂志对于青少年的影响很大，对于培养青少年的科学素养起到了举足轻重的作用。到了1897年，石井研堂因出版了《理科十二个月》（共计12册）与《少年

[①] 文部科学省.日本的成长和教育——教育发展与经济发展.帝国地方行政学会，1962：170~171.
[②] 郑彭年.日本崛起的历史考察.北京：人民出版社，2007：334~337.
[③] 《理科仙乡》，原著为 Arabella Buckley 所著的 The Fairy-Land of Science，New York，1885.

工艺文库》(共计 24 册)而赫赫有名。特别是《少年工艺文库》就算在今天也是不可多得的极具价值的青少年科学读物。之后到了 1904 年,以成年人为读者受众群的《东洋学芸杂志》创刊,同年《理学界》创刊。之后,为了更好地进行科学知识的普及,各种学会主办的科学杂志纷纷创办。比如 1907 年东京数学物理学会开始出版的发行数年的《物理学通俗讲演集》以及日本天文学会于 1910 年开始发行的《天文通俗讲话》等。

图 1-2 当时发行的杂志《植物园》封面及其内页

由此我们可以看到,19 世纪末(明治二十年至二十九年)的科学读物主要是面向广大青少年的。因为青少年是国家的未来。之后到了 20 世纪初(明治三十年至三十九年)的时候,日本开始把重点由开发青少年的科学素养转到开发成人的科学素养上面,他们的意图是,明治二十年至二十九年还是青少年的读者大众们,到了明治三十年至三十九年的时候都已长大成人。

与此同时,这一时期学界对于科学的普及主要聚焦于两大方面:首先是以大自然为研究对象的生物学。如渡边庄三郎的《萤之话》、坪井正五郎的《人类谈》、三好学的《植物之话》以及开成馆出版的《学艺丛谈》的系列丛书等。其次,数学也是这一时期的普及重点。竹贯直人收集了日本自古以来的数学游戏,并且引进翻译了西洋的数学游戏,于 1906 年编成了《少年算术游戏》一书。这本书不但被广大青少年用于课外活动,而且还被相当多的学校引入了学校教育之中①。与此同时,与数学相关的儿童读物还有 1893 年出版的增山文吉的《数理世界探险旅行》以及宗沢文山于 1896 年所著的《几何学活用》一书。

第二节 两次世界大战期间至战后初期(1914—1959)

一、社会语境综述

明治维新之后,日本利用英、美、俄、法之间在中国争夺势力范围的矛盾而侵略中国,

---

① 日本科学史学会编. 日本科学技术史大系第八卷——教育. 東京: 第一法规出版株式会社, 151.

特别是利用英俄两国在东北亚的争夺，建立"日英同盟"，并在日俄战争中打败了俄国。日本很注意在战争中进行资本的原始积累，特别是在中日甲午战争中，日本从中国攫取了2亿3千万两白银的赔款，成了日本产业近代化的动力和扩大军备的财源。由此为契机，日本的资本主义产生了飞跃发展[1]，开始向帝国主义的阶段转化。战后的急速工业化进程中，纺织产业居于重要地位，与此同时还同时奠定了重工业的基础。企业的快速发展与技术的进步不仅需要榨取高强度低价格的劳动力，而且大量需要掌握熟练技术的工人以及能够担当指挥、监督工作的技术人员。这一需求进一步促进了实业教育的发展。

第一次世界大战时期，欧洲各国忙于战争，退出了亚洲市场。这对日本的资本主义的发展无疑是绝好机会。在一战期间，日本的产业得到快速发展，国力日趋强盛。到了1920年，日本已经由1914年负外债11亿日元的债务国摇身一变成为向国外贷款28亿日元的债权国。与此同时，第一次世界大战也给日本的经济、政治、思想的结构带来了影响。特别是在科学技术的发展与教育方面。由于一战的爆发，国际经济的平衡状态被打破，原本从德国及其他国家进口商品的产业界面临很大困难。另外一个方面，由于战争的爆发造成了东南亚市场对于商品的大量需求。于是日本国内的一些有识之士开始呼吁培养本国的"自给自足、奖励国产"的能力以及"科学技术振兴"的精神。当时日本产业界从欧洲进口原材料或半成品的渠道完全由于战争的影响而受到阻碍，特别是化学工业等，对科学技术水平要求较高的部门，为了产业立国的顺利进行和目标的达成，"科学技术振兴"之重要性逐渐被人所认知。为了解决这一实际存在的问题，政府、产业界人士以及学术界的指导者开始了一系列促进科学研究振兴以及科学教育振兴的措施。首先，1917年3月设立了财团法人理化学研究所，之后于1918年设立了东京大学航空研究所、1919年设立了东北大学钢铁研究所、京都大学设立了化学特别研究所等。

20世纪30年代，日本政府采取了一系列振兴科学的措施，建立了内阁资源局和日本学术振兴会两个机构，提出"科学为战争服务"的口号。1937年10月又在陆军的强烈要求下，合并了原有的资源局和企划厅，建立企划院，作为战时国家总动员的中央机关。政府于1939年公布总动员试验研究令，使国家和民间的各种科研机构均根据军部需要置于政府的直接控制之下。政府不遗余力的发展经济、科学和教育，并把这些全部纳入战时动员体制之下。1938年4月，日本内阁设立了"科学审议会"，后文部省于同年8月设立了"科学振兴调查会"，并于1939年创设300万日元的科学研究经费，之后1940年设立"专门学务局调查课"。1941年内阁制定《科学技术新体制确立纲要》后，创设了技术院作为全国科学技术研究和行政的中央机关。同年文部省设置科学官，其职责为扩充准备科学研究，联络统合科研，培养补充科学研究者和技术人员，改革振兴科学教育，表彰科学功臣[2]。重视与发展科学固然是有着积极意义，然而此时的科学却沦落为日本服务于对外侵略与扩张的工具。

1945年8月15日，日本宣布无条件投降的当天晚上，日本首相铃木贯太郎通过广播

---

[1] 日本科学史学会编.日本科学技术史大系第八卷—教育.東京：第一法规出版株式会社,332.
[2] 细井克彦.戦後日本高等教育行政研究.東京：風間書房,2003：347.

向全国宣称:"日本今后除了努力振兴科技外,别无他途。"由此可见,战后的日本政府认识到经济增长必须依靠科学技术的发展和进步①。1949年12月,日本工业技术厅发表的《技术白皮书》中显示,战后初期日本的科学技术比世界先进水平至少落后20~30年。于是在既无原料,又无市场,而且能源紧缺的情况下,从20世纪50年代初期开始,日本政府采取"贸易立国"战略,主要从美国等先进国家引进技术,经过消化、改良成为日本的技术,逐步改变了日本的产业机构,大大增强了其综合国力。而这项战略不仅仅体现在科学技术的创新方面,甚至也涉及文化教育等其他领域。日本首先改革学术体制,建立了科学技术厅与科学技术会议来领导全国的科技工作。其次,科研机构下放,普遍建立民间科研机构。然后主要从美国引进西方先进科学技术。这个时候日本引进科技主要采取许可证方式,用钱买西方现成的科学技术。据统计②,日本在战后至1970年的15年间,几乎掌握了过去半个世纪发明的全部技术,只用不到60亿美元的代价争取了20年左右的时间,这样的经济效益在世界上也是罕见的。随着日本技术引进的大幅度增长,日本的科学技术得到了较快的发展。20世纪60年代末期,日本的产业技术水平已经大体上赶上了欧美国家。日本企业的技术力量具备了相当强的国际竞争力。技术引进在日本经济高速发展的作用是巨大的,引进技术实现的产值在制造业中所占的比率大致为10%左右。

进入20世纪50年代以后,世界上一些发达国家的科学技术取得了很大进步,各国都开始进行第三次产业革命,日本也在50年代中期以后开始进入经济高度增长阶段,经济的高度发展迫切需要具备一定数量的科学技术研究人员,与掌握熟练生产技能的大批工人。因此,产业界对当时中学重视普通教育而忽视职业技术教育的做法十分不满,纷纷上书日本政府要求改革教育,建议政府从小学开始就要有计划地培养适应技术革新和经济大发展的科技人员和技术工人。对于经济界提出的一系列加强科学技术教育的意见和要求,日本政府、文部省立即做出反应,着手制定了相关政策。如1957年岸信介内阁制定的《新长期经济计划(1958—1962)》中,列有专章阐述了"振兴科学技术"问题,提出了从根本上充实中小学的理科教育,大学增招理工科学生并扩充科学技术教育的战略。

二、理科教育的发展

(一) 战时的理科教育

第一次世界大战期间,为了资本主义的发展和实业经济的兴盛,日本政府在采取科学研究振兴措施的同时,也发出了"中小学校的理科教育的振兴"的呼吁之声。1917年6月,临时议会决定拨款20万日元用于中学以及师范学校中物理、化学等学科实验设备的配备。1917年10月,明治政府设立了日本近代史上第一个直属首相的教育审议机构——"临时教育会议"。该时期,日本参与了一系列对外战争③,其国内的军国主义色彩

---

① 汤浅光朝. 日本科学技术100年史. 東京: 中央公論社,1984.
② 科学技術会議. 第5号答申——1970年代における科学技術政策の基本について,1971.
③ 1918年出兵西伯利亚,参加第一次世界大战;1927年、1928年出兵中国山东省,1931年发动"九一八事变",1932年发动"上海事变",1935年发动"华北事变"。

也愈加浓厚。

次年2月,文部省发布训令,要求改善和提高中学以及师范学校内化学、物理等学科的教育质量,为此制定了《学生实验要目》,规定了学生所必须掌握的物理、化学相关知识点与实验操作能力。1918年1月,日本全国的小学理科教育相关人员成立了理科教育研究会,4月起开始发行研究会的第一期学术期刊《理科教育》,次年5月举行了第一次理科教育研究大会,开始了以改善小学理科教育为目标的运动。1919年2月修改的《小学校令》以及同年3月修改的《小学校令施行规则》中,规定增加小学的理科授课时间;1919年修改的《中学校令施行规则》中明确要求中学的物理和化学课程要重视实验。至此,中小学中的理科教育因为受到第一次世界大战影响而得到扩充强化。1931年文部省修改《中学校令施行规则》,要求在过去的分科理科课程之外,增设《一般理科》这门课程,《一般理科》的授课内容包括博物、物理和化学。这是日本理科教育史上课程改革的重要事件,标志着综合理科课程正式进入日本学校课程,成为一种新的理科课程类型①。

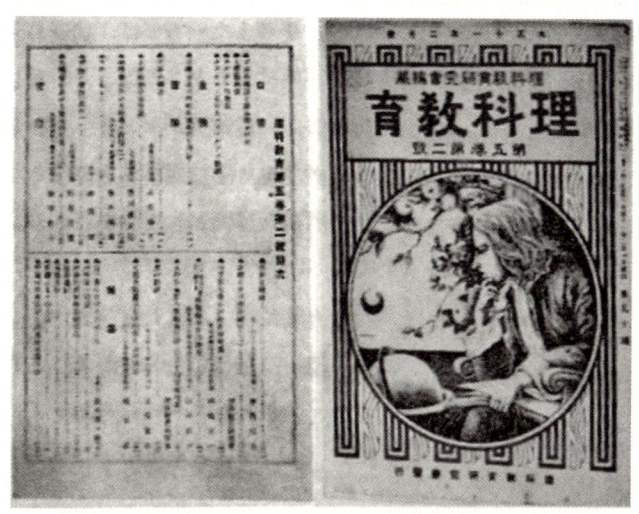

图1-3 《理科教育》杂志第5卷第2号封面与目次

到了1944年,学校教育一度停滞。日本内阁于8月颁布《学生劳动令》,要求将初中以上的学生全部动员至军需产业的发展之中。1945年3月的内阁决议《决战教育措施纲要》中规定"将初中以上的学生全部动员到粮食增产、军需生产、防空防卫以及其他决战所直接紧要的业务中"。于是全体初中以上在校学生全都忙于战时生产;而初中以下的小学生们则被集体疏散,并从事适当的劳动作业②。于是理科教育在此期间没有得到任何进步与发展。

(二) 战后的理科教育

战后日本的教育改革是以美国为首的占领当局③、以文部省为首的日本当局以及日

---

① 永田英治著.日本理科教材史.東京:東京法令出版株式会社,1994.
② 宮原誠一.資料日本現代教育史.東京:三省堂,1974:338.
③ 联合国最高司令官总司令部,简称GHQ。

本教育专家委员会三方面一起推动而成的。美国将当时在国内盛行的杜威进步主义教育运动引进日本。杜威思想的核心是以学生的实际生活为中心，来组织教学内容并展开教学活动。于是，日本各中小学的各学科都采用了"生活教学"法。1947年颁布的中小学《学习指导要领》中就明确规定了理科教育主要内容为"动物和人""植物""环境""机械"与"保健"五大板块。1948年文部省设立了理科研究中央委员会，之后于1951年对《理科学习指导要领》作了第一次修改。

1952年《美日和约》签订，日本恢复了国家独立。日本政府以恢复与促进经济发展为目标，大力发展殖产兴业、促进对外贸易。日本政府把振兴科学技术作为日本发展经济的根本出路，要求大力发展理科教育，提高国民、特别是中小学生的科学知识掌握水平。文部科学省于1953年颁布了《理科教育振兴法》设置了理科教育审议会。之后于1956年至1960年间先后对中小学的《学习指导要领》进行了修改，其中明确强调了理科教育的系统性。小学的理科教育仍旧是从"身边的大自然"出发，而初高中则体现其系统性，着重学习自然界以及生物界的规律等。与此同时，在这次改革中，特别重视小学—初中—高中理科教育的连续性和一贯性。

20世纪50年代中期以后，日本开始进入经济高度增长阶段，迫切需要具备一定规格的科技人才和普通技术工人。产业界纷纷上书日本政府要求改革教育，建议政府从小学开始就要有计划地培养适应技术革新和经济发展的科技人员和技术工人[①]。对于经济界提出的一系列加强科学技术教育的意见和要求，日本政府、文部省立即做出反应，着手制定相关政策。垄断资本集团日本经营者团体联盟1956年发表"关于适应新时代要求的技术教育的意见"提出振兴技术教育，才是刻不容缓的当务之急。次年5月，文部大臣向中央教育审议会提交振兴科学技术教育措施的咨询，11月11日文部省接到《关于科学技术教育的方针政策》，文部省以此为依据发表了《科学技术教育振兴方案》。1957年理科教育审议会也提出《关于科学教育的应有状态》的建议。1958年，日本经营者团体联盟又提出《关于振兴技术教育的意见》，建议增加小学—初中—高中的理科教学时数，谋求充实实习、实验设备，以及加强对进入理工系统学习的学生以优先的育英制度等。同年文部省也提出"充实基础学历，提高科学技术教育"的教学改革方案，增加了数理科的教学时数，强调教学内容现代化。

第三节 小　　结

闭关锁国造成的国力疲弱以及欧美列强的频频挑衅，使得日本政府深刻认识到落后就要挨打的道理。自明治维新起至20世纪50年代的近百年间，资本主义经济的大力发展在日本一直都是被摆在最为优先发展的战略地位。适应日本资本主义迅速发展需要的经济界的观念和活动，在当时日本具有举足轻重的作用。其他的社会要素都围绕着经济

---

① 大田尧著. 战后日本教育史. 王智新译. 北京：教育科学出版社，1993.

发展这一目标而运行发展着。对于经济发展的重视引起了日本本土科学技术之"实用主义"的盛行。

追根溯源,日本这一时期的科学技术实用主义实际上源于美国当时的实用主义流派(Pragmatism)。实用主义流派是美国本土的一个哲学流派,产生于19世纪70年代,其代表人物有詹姆士、杜威等人。到了19世纪末20世纪初,实用主义流派已经成为在美国影响最大的哲学流派,在20世纪40年代以前一直在美国的哲学思想中居于举足轻重的地位。"获得实际的效果"是实用主义的最高目标。他们只关心直接的效用与利益,而不管是非对错,信奉的是"有用即是真理,无用则为谬误"的原则,强调"生活""行动"和"效果"。这一理念正合当时正在一心谋求国力强盛和经济发展的日本政府的胃口,于是此理论很快被引进日本并使其成为发展日本实业经济的哲学精神。

日本产业界和政府有着良好的互动关系,产业界十分关心中小学校理科教育的状况,并针对如何更好地促进理科教育的发展而提出意见、报告等。他们强调理科教育应当注重教育内容的实用性,以便更加有利于资本主义经济的发展。日本政府听取实业家的建议和意见,展开了一系列的改革、立法工作以改善科学教育,以便更好地服务于经济发展。日本政府和产业界人士都认为科学教育与普及只是发展产业经济的手段和工具,是从属于经济发展的。经济的发展离不开科学技术的振兴与科技人才的培养。实业家们从自身利益出发,希望提高工人的文化知识水平以利于在国际市场上的竞争,并培养科学技术人才。日本政府为了满足产业界的实业家们对于大量技术型人才的需要,不断适应时代的变化,对科学教育体制进行改革,如"充实实业高中""改革大学教育制度"等。

这里还要提到当时社会的阶级分层所造成的国民接受科学教育机会的不平等。1871年,日本取消旧身份制度,将国民分为四等:皇族、华族、士族、平民①。这一等级划分自明治时期(1871)始,至日本国新宪法颁布前(1947)止。明治维新的功臣们以及在历史上对天皇尽忠的家族后代都被封赐了"华族"爵位:如下级公卿岩仓家因岩仓具视的功绩成为公爵②;大久保利通与木户孝允之子则被授予侯爵;伊藤博文③等人为伯爵;森有礼等为子爵④。社会等级较高的皇族和华族享有许多政治、经济特权。在教育方面,所有皇族与华族子弟均有进入学习院学习的特权。将来只要成绩在学习院中能排到中等以上,便可以进入全日本第一的东京帝国大学。成绩靠后的学习院学生也可以进入京都帝国大学学习,而普通人为了考入这两所大学则不知要经历多少年的煎熬和努力。因此,一般的平民子弟只能有进入实业高中,成为技术工人的机会;而贵族子弟则可以进入大学接受良好的教育,成为政府的要员或科学技术高级人才。这是此阶段日本科学教育发展中的消极因素。造成了平民中潜在优秀科学技术研究人才的埋没以及一定程度教育资源的浪费。这一不平等现象一直持续到战争结束后的1947年,作为占领国的美国当局宣布废除贵族阶级为止。

---

① 浅见雅男. 華族誕生—名誉と体面の明治. 東京:中公文庫,1999.
② 千田稔. 華族総覧. 東京:講談社,2009.
③ 伊藤博文后被补授公爵.
④ 小田部雄次. 華族—近代日本貴族の虚像と実像. 東京:中央公論新社,2006.

第二章
启动阶段的 20 世纪 60、70 年代："普及启蒙"

20 世纪 60 年代以来，日本进入了经济持续高速发展时期。经济的发展带来了国力的强盛与人们生活水平的提高。在此期间，世界范围内以美国为首，掀起了理科改革的浪潮。为了适应新时代经济和产业发展的需要，本着一直来对国外先进思想的"引进、吸收"原则，日本立即从美国引进了最新的理科教学改革理念并对本国中小学的理科课程进行了修改。与此同时，日本开展了生活能力和生产技能培训等科普活动。20 世纪 70 年代，日本的学者首次从美国引进了"科学素养"一词，并对其概念的内涵进行了讨论，科学素养的培育与发展开始在日本受到重视。

第一节 社会语境综述

1959 年起，日本经济开始顺利地大幅发展。为使经济能够持续地发展，20 世纪 60 年代期间，日本确立了以"缩小与欧美的科技差距、推动经济增长、扩大社会经济基础为目的"的科技发展目标。1960 年 12 月，池田勇人内阁颁布《国民收入倍增计划（1961—1970）》，在此计划中包括了"国民科学技术掌握能力的培养与科学技术的振兴""社会资本的充实""产业构造高度化的引导""贸易与国际经济合作的促进"等重要课题。这个计划成为整个 20 世纪 60 年代日本发展科学技术的中心纲领。其中第一章"提高人的能力和振兴科学技术"就明确阐述了发展日本科技的重要性，其中指出，当今社会正处于由经济的持续高速发展和科学技术的迅速更新提高所带来的技术革新的时代，应该重视与此计划相配合的理科人才的培养。在引进国外先进技术的基础上进行技术创新，强化国际竞争能力，提高对自主技术开发重要性的认识。同时决定推进大型原子能、宇宙开发计划。

科学技术的进步是为经济的发展和国力的强盛所服务的。作为当时经济政策的重要指针，《国民收入倍增计划》明确提出了"今后十年间，将国民生产总值提高两倍以上；从 1961 年开始三年间，年平均经济增长率保持为 9％"的总体目标。事实证明，此后的社会发展远远超出了预期设想。1960 年至 1970 年的十年间，日本国民生产总值增长了四倍之多。到了 1968 年，日本的国民生产总值已经超越了西德，日本一跃成为仅次于美国的资本主义世界二号强国。

表 2-1 《国民收入倍增计划》十年增长率成果[①]
(1970 年同 1960 年相比)

项　　目	增　减　情　况
国民生产总值(实际)	增加 1 倍
国民收入(实际)	增加 1 倍
人均国民收入(实际)	增加 0.84 倍
工资水平(实际)	增加 0.65 倍
工业生产	约增加 2 倍
农业生产	约增加 0.3 倍
农业就业人口	减少 23%

到了 20 世纪 70 年代,日本结束了史上空前的经济高速增长期,进入稳定增长阶段。1971 年科学技术会议发表的第五号答询报告中,系统阐述了在 20 世纪 70 年代日本的科学技术政策的基本方针。1977 年,科学技术会议在第六号答询报告中提出,日本应该大力发展有利于改善国民生活环境、增进国民健康等方面的科学技术[②]。

这一时期,经济和科学技术的发展带来了人民生活水平的提高。20 世纪 60 年代,被称为"三种神器"的洗衣机、电冰箱与吸尘器走进千家万户的日常生活。20 世纪 70 年代,被称为"新三种神器"的彩色电视机、汽车与空调也开始得到广泛普及[③]。新兴电器的普及引起了生活方式与生活观念的变化,人们开始意识到科学技术与自身生活的密切联系。与此同时,政府也深刻认识到,要想凭借科学技术的发展以推动社会的进步发展,就必须提高国民的科学素养,以便其更好地掌握科学技术;而人们科学素养的提高、能力的开发则要依赖中小学理科教育与社会中科学教育的普及。

从日本二战战败到 20 世纪 60 年代,日本不但将战后的经济恢复到战前,而且还赶超了许多发达的资本主义国家,跃居世界上第二位经济强国[④]。分析其快速成长的原因,日本前首相福田赳夫曾经说过,"资源小国的我国,经历了许多的考验,之所以能在短期内建成今日之日本,其原因在于国民教育水平和教育普及的高度。"可以说,这一时期日本的理科教育与社会科学普及继续为其经济发展服务,相关政策纳入国民经济发展计划,产业界与政府共同推进科学普及的发展。

第二节　理科教育的改革

要想在青少年中培养未来的从事科学技术研究的人员,首先要提高他们的科学素养。

---

① 政府发表的数字是以 1956~1958 年的平均数为基础的,因此所提出的增长倍数只是一个模糊数值,并不精确。
② 李建民. 战后日本科技政策演变:历史经验与启示. 现代日本经济,2009(4):47.
③ 科学技术政策史研究会. 日本の科学技术政策史. 未踏科学技术协会,1990:74~75.
④ 冯昭奎,张可喜. 科学技术与日本社会. 西安:陕西人民教育出版社,1997.

日本国民科学素养培育的历程

当时的日本政府深刻认识到中小学理科教育的振兴发展对于国家未来发展的重大意义。文部科学省分别于1961年与1962年进行了全国小学与中学教育课程的全面改订，其目标是为了实现"科学技术教育的进步"①。20世纪60、70年代期间，日本借鉴美国同时代教育改革的成果和思想来发展自身的理科教育，全面展开了本国的理科教育现代化计划。总体说来，既有成果，也有不足。

一、美国SCIS体系的引进与20世纪60年代的改革

1957年，苏联所研发的人造卫星的成功发射使得美国大大震惊并深感自己理科教育落后②。美国于1958年立即制定了《国防教育法》，谋求理科教育的改革。之后在1962年，由美国国家科学基金会（National Science Foundation，简称NSF）提供启动资金开始了对于学校科学课程的研究，全称是"科学课程改善研究"（Science Curriculum Improvement Study，简称SCIS）。在这一情况下，从1956年即已开始编写的高中《物理》课程首先出版，随后《化学》《生物》《地理》等高中课程；《科学》《物理》等初中课程；《科学》等小学课程的新教科书也都在国家和全社会的大力资助下先后编辑出版。

SCIS课程的内容分两大部分，一部分是6个单元的自然科学，另一部分是6个单元的生命科学。每个单元包括自由探索和教师指导的"探索课""发明课"和"扩展课"三种课型。SCIS课程是根据著名教育心理学家皮亚杰和布鲁纳的认知发展理论编写的，其目标是通过理解基本概念来提高学生的科学素养、培养学生的科学态度以及解决问题的能力。当时美国大约有8%的学区使用SCIS课程。

总的看来，"科学课程改善研究"教育改革的特点是，教学大纲都是以现代科学中的基本概念和基本规律为核心，十分强调学科的结构和系统性，大量删减课程内容中与日常生活有关的应用性知识。在教学过程中，则着重强调学生要通过自己的探索活动来获取知识③。这一改革的成果迅速传播至全世界，触发了世界范围的理科教育改革高潮。在1961年，即NSF所资助的高中《物理》课程出版的第二年，当时的东京大学校长、物理学家茅诚司邀请新教科书的主编到日本讲学，推广其理科教程改革经验。随后，美国的"科学课程改善研究"所出版的各学科教科书很快被翻译引进入日本，日本理科教育界随之展开了一场轰轰烈烈的改革运动。

日本在1968、1969、1970三年间分别对小学、初中、高中的《学习指导要领》作了修订。在《理科学习指导要领》的修订中，明确提出此次修改的目标为"推进理科教育的现代化"④。对于理科教育的改革，日本并没有全盘照抄美国"科学课程改善研究"的具体成

---

① 下条隆嗣，山田隆一，坂田贵史，胜山茂.科学の統合化と科学・技術・社会の関連強化をふまえた科学技術教育のあり方.日本科学教育学会年会論文集，1994：1～2.
② 長洲南海男.アメリカの理科教育—危機から卓越性の追及へ—.理科の教育，1987，36(8)：517～522.
③ 長洲南海男.米国の戦後最大の科学教育改革運動—その理念と実際.理科の教育.1994，43(1)：8～11.
④ 日本学校理科研究会编.現代理科教育学講座(2)：内容篇.東京：明治図書，1986.

32

果,但是显而易见,其全盘接受了美国科学新课程改革的基本思想①。从小学到高中都大量删减了与日常生活相关的应用型知识。小学理科从此确定了一直沿用至今的"生物与环境""物质与能量""地球与宇宙"三大部分的教学内容;在初中,理科教学内容分为"物质和能量的基本概念及其相关内容"以及"生命和进化、空间和时间的基本概念及其相关内容"两大部分。高中理科也以基本概念为中心来组织教材。例如高中物理就是以运动、电子、场、能量四大基本概念为中心,同时补充了许多有相当难度的与这四大概念相关的现代科学知识②。

这次对理科教育的修改,强调了对于"自然界与人类活动"之关系的重视,明确提出要求在学习自然科学知识的同时培养学生对自然环境的热爱。这在改善理科在学生心目中的形象、减轻学生的学习负担等方面收到了一定的效果,但同时也产生了新的问题:教学内容一次性削减过多,导致学生理科知识水平的降低。特别是高中阶段的物理、化学、生物、地理各科都改为选修,导致了学生理科知识系统的不完整。其次,此次新课程改革大量删减了一些与日常生活相关的科学知识,使得理科知识愈加抽象,难以理解,从而使得学生对理科失去亲切感,降低了学习的兴趣和愿望。因此可以说,现代化理科的实施虽然给理科教育带来了有益的新思想,但并没有收到预期的理想效果。

二、20 世纪 70 年代的改革

在学校里,由于各科教学内容过多过深,教师完不成进度,学生负担过重③。在这种情况下,文部省向教育课程审议会提出了"关于教育课程基准的改善"的咨询,该审议会于1976 年在咨询报告中提出了三条改善的基本方针:培养人性丰富的儿童、学生,使学校的生活既宽松又充实;重视国民共同需要的基础;进行适应儿童、学生个性和能力的教育。文部省根据上述方针,于 1977 年对小学和初中的《学习指导要领》,并且于 1978 年对高中的《学习指导要领》进行了修订。这次修改的主要内容为:为了创造相对轻松的学习环境,避免学生们压力过重,从小学到高中都减少了每周上课时数,强调了教材内容的精选。至于那些过难的教学内容,有的删去,有的简化,有的则移到较高年级。同时还要求重视小学、初中和高中教学内容的衔接和连贯一致性④。

三、理科教育改革的不足

继 20 世纪 50 年代以后,为了迎合经济快速腾飞大好形势的需要,日本文部省更是积极地谋划加强学校理科教育的产学合作,大力发展以培养技能型人才为目标的产业教育

---

① 長洲南海男. 新しい小学校理科教育の特質—英米の動向と日本の改訂学習指導要領—. 科学教育研究. 1989,13(1):3~9.
② 野上智行. 第 1 章 アメリカ合衆国. 学校理科研究会編『世界の理科教育』. 東京:みずうみ書房,1982:59.
③ 大桥秀雄. 现行低学年理科的问题点. 理科的教育,1975:166~169.
④ 木村舍雄. 次期教育课程に向けての要望. 科学教育研究,1997,21(4):259.

以适应经济发展的需要①。1963年,日本经济审议会发表了《关于开发人的能力政策的咨询报告》,该报告在20世纪60年代中后期的教育改革中起到了至关重要的作用②。报告中明确提出了两条教育改革的建议:实行产学合作和在学校教育中实行"能力主义"教育。所谓的能力主义,就是在学校中尽早地发现具有高素质的高级技术人员并加以精心培养。1963年6月24日,文部大臣向中央教育审议会提出"关于整顿扩充后期中等教育"的咨询。该审议会于1966年10月发表《关于整顿扩充后期中等教育》的咨询报告,提出通过设置技能学科和家政高中等使高中职业教育多样化。之后,理科教育及产业教育审议会分别于1967年8月11日和1968年11月29日发表两次《关于高级中学职业教育的多样化》的咨询报告,其中第一次报告建议增设森林土木科等14个职业学科,第二次报告建议增设建筑施工科、渔业经营科和服装设计科等职业学科。根据这些建议,在文部省的指导下,各学校都对自己的学科做了调整。实行高中教育多样化的政策,在保证学生所学专业与产业部门对口等方面起到了积极的作用,基本满足了产业界的需求。如何发现一个学生是否具有这种所谓的高素质的能力,当时主要是靠一种能力测验,在某种程度上它实现了学习体系的多样化,但在另一方面也同样产生了不可避免的负面效应。学校已不再是教育的机构,而变成了竞争与选拔的机构③。当然,技术教育(包括技术素养,有关技术的知识、经验、态度、举止等)是学生们将来能够拓宽就业领域、积极融入社会建设中所不可缺少的要素。然而在当时的日本,技术教育被当做普通教育来进行,鲜明体现了其明治维新以来的科学实用主义以及教育发展的功利性。

与此同时,中小学校理科相关设施与设备的缺乏与落后也造成了课程改革的目标无法完成。20世纪60年代的改革中强调了"实践性实验"在理科教学过程中的重要性,提出应该让学生自己动手,通过自己的探索来获取知识。这一理念虽然好,但是贯彻和实施起来是非常困难的,因为受到了当时全国普遍教育条件水平的极大限制。当时在大多数学校中,理科教育相关的实验设备和实验器材都很少,因此造成的结果是,改革后的理科教学课程大纲中的近一半的科学实验都实际上根本不可能让学生亲自实践,因此要实现对于学生"实验观察方法"态度的培育是非常困难的,主要推行的还是"黑板理科"式教育。事实证明,后来在1971年进行的《全国中小学生学力调查》中显示,中学生的物理、化学、生物、地理等学科的学习能力水平与预期相差很远;自然现象和自然规律等基本知识的理解能力和灵活运用能力很差④。

总的来说,这一时期日本的理科教育可以说是好坏参半。经济发展至上实用主义至上的理科教育模式一方面给日本经济的腾飞提供了源源不断的人力资源;另一方面,这种以经济利益至上的教育思想,以及其导致的能力主义、效率主义,故意地造成人才的等级差别,给学生、家庭造成了巨大的压力。学生陷入考试地狱,家长一味地追求考试分数,造

---

① 大桥秀雄. 発展のための科学・技術に関する国際会議 教育・訓練の重要性. 科学教育研究レター,1979,16(12):3.
② 大田尧著. 战后日本教育史. 王智新译. 北京:教育科学出版社,1993.
③ 鹤冈义彦. 理科教育现代史におけるSTS. 理科の教育,1993,42(11):732~736.
④ 松原静郎,条田宣道,阪路裕. 理科嫌いと科学的リテラシー—2,3の调査结果から—. 日本科学教育学会研究会研究报告,1994,8(5):23~26.

成了学生厌学、弃学、学校暴力、人格不完整等严重的教育问题。这种教育制度表面上看是提高了升学率,但实际上是加大了竞争的压力。为之后的"疏远理科"的社会现象埋下了伏笔。

第三节 科学技术的普及事业

科学技术相关的普及活动对于科学技术最新成果的实际应用以及国民对于科学技术的进一步认识有着重要的意义。这一时期的科学普及事业的具体特征总的来说有两点:第一,由于经济水平的发展与人们生活水平的提高、生活电器的广泛普及,这个时期的科学普及事业注重国民自身的需要,政府和实业家力求将从国外引进的先进科学技术,推广应用于实际生产部门的生产活动中,与此同时,健康和卫生等相关内容也被纳入到国民科学普及的内容之中;第二,大力推行"生活中的科学"。力求培养国民的科学的生活方式与科学的思考方式。日本政府认为,对国民进行科学技术的普及能够使得国民了解科学并采用科学的生活方式,科学技术带动社会的发展;与此同时,为了生产的扩大化和谋求利润,企业的生产部门争相在其企业内部引进海外的科学技术并大力推广,生产出来的高科技产品走进千家万户的生活,又带来国民生活水平的提高。如此良性循环必然能够使得国家的整体科学水平越来越高。

当时,科学技术已经渗透进了社会中千家万户的日常生活。人们的理念也发生了相对的变化,崇尚的是一种"利用科学技术,使得自己的产业经营以及日常生活得到改善和水平的提高"的态度。全国各地都纷纷设立了各种"技术研究会""科学俱乐部"等地域性科学普及组织团体。他们的主要贡献包括:帮助中小企业进行最新科学技术的引进、帮助农民改良耕作技术、以当地人民为对象进行保健卫生普及等。他们根据不同企业及其当地住户的现实问题进行个案解决,提供长期的、连续性的帮助。还定期组织各种如读书会、科学讨论会等聚会活动。从效果来看,其功绩是显著的[①]。

一、生活改善普及事业

经济的快速发展与产业的高度发展使得当时日本人民的生活水平大大提高。这一时期政府非常重视国民日常生活中应该掌握的科学知识,兴起了"生活改善普及运动"。

在"生活改善普及事业"中,政府为全国的各个都、道、府、县配备生活改良普及员,为公立的农业实验田配备专业技术员以更好地指导人民进行生产活动。与此同时,以人口10万为基准在全国广泛设置多所保健所为当地的人民提供保健知识方面的指导,并配备相应数量的医生与护士。

日本的农家一直以来基本都维持着自给自足的生产方式,用于改善自己生活的物质

---

① 文部科学省.科学技术白书,1970.

资料基本都是来自自身的农业经营。因此，此类的生活改善往往随着农业生产的改良而一起被推进。政府派遣生活改良普及员中的农业专家，帮助农户解决与农业相关生产活动角度的家族劳动力的保持、劳动力体力的保健与保养、农田耕作工作效率提高相关的咨询。在农村，生活改善普及工作者们并不仅仅只是对农民的生产生活提供千篇一律的指导与断断续续的宣传，他们会针对不同的情况采取不同的帮助措施，所提供的咨询都是基于不同农户的基本的生产活动情况采取适合其的生活技术与保健技术。

对于普及工作者们的活动情况，以1962年厚生省的统计，生活改良普及员1 514人；生活改善专业技术员各都、道、府、县2名；保健医生2 734名，保健护士5 343名，保健所一个月的平均业绩为：保健护士的家庭访问200次；以居民为对象的演讲会、座谈会、电影会、展览会等举办13次左右。与此同时，还有民间自发组成的生活改善实行小组，大约有1 500个这样的组织，服务对象约为860万人左右。

二、生产活动中的技术普及

要想更好地推进产业经济的发展，对于生产部门技术人员的新技术的接受以及素养培育是重要的一环。然而新技术的普及程度的好坏取决于经营者对于技术改善的积极性大小以及企业自身条件的优劣。这一切都使得技术引进与实用化的进程困难重重。下面的案例，就足以说明这一问题。

以20世纪60年代日本富山县一家刚刚从海外引进新的冶炼法的企业为例。世界大战期间的经营困难造成了诸多机器设备的荒废，长期的滥采又使得原矿的品位大大降低，造成生产操作条件的进一步恶化。此外，企业还要承担对于受到采矿工业影响的当地农家的巨额的补偿金，以及承担由于采矿与冶炼产生的烟雾所造成的环境污染以及大气污染的责任。在这种内外交困、举步维艰的情况下，该企业打算通过导入比自己的生产和经营模式出色的外国的新制法，来寻求冶炼成本的降低。因此，冶炼所开始进行旨在改善经营的研究的同时，从引进海外的先进技术到将其实践于业务流程中，有如下问题：

首先是技术层面的问题。日本的本国企业与引进技术来源的冶炼炉的容量有所不同，同时原矿的成分、炉的材料、附带工程和副产品制造的设备等都有着差异，需要自己亲自解决的问题很多。如何有效利用改造海外先进技术，使其很好地适应自身发展经营的需要，这是非常重要的。想要达到这个目的，就必须发挥日本本国企业内研究人员的长期积累的经验和研究成果。因此为了进行新炉的建设与增进对于海外引进操作流程的了解与吸收，之前被派往国外学习海外先进技术，并且在国外工场的现场实习过的技术人员便以生产指导的身份，对操作工进行业务培训，对其进行个别指导与培训教育。其次是在生产管理方面的问题。企业对自身内部的管理机构进行整改以适应新型生产模式的需要，一方面必须裁去不需要的剩余人员，另一方面还要大力培养和招募能够适应新形势需要、掌握新技术的技术工人。

从这个例子我们可以看到，当时引进海外新技术并进行推广普及的日本企业把进行积极的技术改善作为自己营业内容的一部分,进行了"新技术相关信息的搜集与引进——企业内部对于新技术'扎根'的预先准备——管理组织的大换血"这一模式的整改①。与此同时,为了能够将新体制更快进行普及,企业还进行了对于企业内部管理人员以及各部门技术工人的新技术相关的教育与培训。可是,客观上讲,当时能够如此顺利地进行海外技术引进的企业的数量是有限的。将引进的新技术具体普及运用于实践的时候,不同的企业都会或多或少地面对一些阻碍,都会遇到一些问题。

三、以大众传媒为手段的科学普及

到了20世纪60年代,大众传媒如新闻、广播等开始注重对于科学技术相关内容的报道。当时主要的报导内容聚焦于核能利用、导弹及其人造卫星制造等方面,多与当时国内外政治背景相关。为了更好地向民众宣传科学技术知识,各大报纸纷纷在版面上设置"科学专栏""教养专栏"等栏目专门介绍相关科学新闻动态;电台和电视台都设立了科学素养相关节目以及科学短片、电影等,使得科学知识得到更好地流通,民众接受科学教育的机会大大增加。

但是美中不足的是,当时大众媒体对于科学宣传的力度并不是很强。比如在大多数报社中,"科学专栏"的出现频率基本都是一周一次,而且篇幅较短,每次只占半个版面左右;广播电台的科教节目播放时间也很少,比如NHK日本国家广播电台的科教类节目时间只占全部节目时间的6%,民办的40家广播电台则为平均4%;在刊登科学技术相关信息和知识的杂志中,就算比较有名的发行量也很小;科学技术类图书的发行量只占总发行量的15%左右;日本每年大约制作600部短篇小电影,而其中只有3%是与科学相关的短篇电影等②。

究其原因,因为在大众媒体中,除了新闻报道性质的节目以外,最受大众欢迎的是具有娱乐性以及流行性的节目。在电视和广播节目中,娱乐节目总是收视率最高。与此同理,书籍、杂志以及电影也存在着相同的现象。

商业运作的娱乐节目虽然收视率高,然而生命周期却短。而科学普及类节目无论是对于国民自身科学技术理解水平的提高以及社会中科学素养的培育来说都有着长远的意义。因此到了20世纪70年代初,作为日本规模最大、影响受众最广的NHK国立电视台在节目改组之际增设了教育频道,大大增加了科学节目播出的比重。一时之下其他各大电视台纷纷效仿,随即增加了科学节目的播出时间、同时使得播出内容愈加丰富。

四、科学普及相关活动

为了促进国民的科学素养的培育和培养中小学生对于学习理科的兴趣,1960年起日本政府内阁会议批准设立"科学技术周"(科学技術週間)的传统。将1954年所设立的"发

---

① 科学技術振興機構研究開発戦略センター編.科学技術と社会——20世紀から21世紀への変容.東京:丸善プラネット株式会社,2006.
② 科学技術政策史研究会.日本の科学技術政策史.未踏科学技術協会,1990:97~98.

明之日",即每年的 4 月 18 日所在的那一周间定为科学技术周。由此,科学技术的相关普及活动在日本全国正式全面展开。"科技技术周"这一活动的宗旨是为了更好地增进全体国民对科技的关心和理解;激发广大青少年对科技的兴趣;为迎接 21 世纪的到来,创造出新的经济前沿,为富裕安康的生活打下基础。每年的科技周都有自己的宣传主题,在科技活动周里,安排有丰富多彩的活动。面向全体国民的活动具有各种功能,比如功能为进行科学普及与了解的活动有科技讨论会、研究成果发表会、科技电影展、各种展览会等;功能为科学技术研究人员给国民答疑解惑的活动有发明咨询活动、技术咨询活动等;与此同时,在"科学技术周"期间,参与活动的研究机构、科技系统、博物馆和工厂等实行特别对外开放。面向青少年的活动有:科学教室、发明教室、天文教室、动手实验教室、科学报告会、科技电影展、参观博物馆及科技展览等,以启迪青少年学科学、爱科学的热情。此外,各种表彰活动也是科学技术周的重头戏。

在 1960 年,日本还展开了科技电影节的活动。科技电影节的主要活动是评选、奖励优秀的科技电影,以普及、促进科学技术,被认为是日本最具权威的科技电影节,每年入围作品百余件。科技电影节的主要活动是总结科技振兴事业,放映入选作品。总结活动包括征集日本国内该年度科技影视作品,经过评选,评出内阁首相奖 1 个,文化科学部长奖 14 个,表彰制作者和策划者。放映入选作品是科普活动,目的在于普及宣传国内科技电影,并通过在日本各地放映获奖作品,直接以国民为受众来普及影片中所蕴涵的科学技术。当时评选出的优秀作品有《酵素》(酵素)、《見る》(看)、《太陽の家》(太阳之家)、《波の力》(波之力)等。

与此同时,从 1960 年开始,日本政府开始大力推进以各地域为单位的科学技术普及活动。比如,给各个都道府县都提供购买"サイエンス·カー"(科学普及宣传流动车)的补助。同在 1960 年,致力于发展日本国科学技术,进行科学技术的宣传活动的财团法人日本科学技术振兴财团设立。该财团之后一直都在日本国的国民科学素养的培育与提高事业中起着至关重要的地位。在随后的 1964 年,财团下属的科学技术馆以及电视台(东京 12 频道)开设。

1974 年开始,《你的科学技术》等科普相关杂志纷纷发行;广播和电视中开始播出《不知道?知道》《75 年世界的冬天》《走向明天的科学》等一系列在当时广受好评的节目;一系列与"科学技术周"及其"原子力之日"有关的讲演会和研讨会也都纷纷召开以吸引人们的目光[①]。

与此同时,地域性科学技术普及的各种设施和场馆也开始兴建。一些大型展览如"原子力展""防灾展"等在全国各地的主要城市如东京、横滨、大阪、名古屋、京都等地巡回展出。此外,筑波市和大阪市还专门设立了以少年儿童为对象的"儿童科学馆",成为附近地域中小学生的课外活动基地。之后,全国各县一半以上的县都设立了科学博物馆或者产业博物馆,随时展示最新的科学技术资料信息以及给人们提供科学实验的实际体验机会。

---

① 文部科学省.科学技術白書,1974.

此外，政府还设置了各类奖项，以表彰那些对推进科学技术发展以及科学技术推广普及做出杰出贡献的人们。比如科学技术功劳者赏、创意功夫功劳者赏、优秀科学技术宣传片的选定和表彰等。

第四节 科学素养概念相关研究的起步

日本一向以来都善于向西方学习先进的思想和经验，在科学素养的研究领域也不例外。日本学者对于科学素养的相关研究自1975年始。日本首篇关于科学素养相关的论文，正是对于美国当时科学课程改革的引进和介绍，在日本学界引起了广泛反响。因此也可以说，日本对于科学素养的相关研究和议论，正是从对于当时美国科学教育相关趋势和动向的介绍而正式开始的[①]。

一、"科学素养"相关研究的发端

在日本，有史以来第一篇与科学素养有关的论文是1975年大桥秀雄所写的《现行低年级理科的问题点》一文[②]。大桥秀雄以美国SCIS课程为参照，提出了应该在日本培养中小学生的"科学素养"，即"科学的语言能力"（科学的国语力）的观点。大桥秀雄指出，SCIS课程是美国国家科学基金会于1962年开发并颁布，用来在美国"科学教育黄金期"1955年至1975年的20年间，对于中小学科学教育进行教育支援和教学活化的改革[③]。SCIS课程在其大纲中明确宣布，其主要的教学目标是对于人们"scientific literacy"[④]的培养。大桥秀雄引进了SCIS课程的"scientific literacy"一词，并将其翻译为"科学的语言能力"。其实，他的这一翻译并不十分准确，因为实际上美国的SCIS课程中所谓的"科学素养"强调的是，在对于科学的基本概念准确理解的基础之上，思考具体的科学相关命题并进行相互交流时"共通理解的基础"[⑤]。后来，大桥秀雄认为自己将"scientific literacy"阐释为"科学的语言能力"的这一表达并不合适，于是在1979年发表的《以发展为目的的科学技术相关国际会议 教育·训练的重要性》一文中将"scientific literacy"翻译为"大众的科学基础能力"（大衆の科学的基礎能力）[⑥]。后来到了20世纪80年代，野上智行在其对于美国的科学教育相关动向为内容的著作《世界的理科教育》（世界の理科教育）中，将

[①] 三宅征夫. 科学的リテラシー概念の変遷と科学的リテラシーの要素. 高度科学技術社会に必要な科学・技術リテラシーの育成の基礎的研究，1993：7~12.
[②] 大桥秀雄. 现行低学年理科の問題点. 理科の教育，1975：166~169.
[③] 长洲南海男. 新しい科学リテラシー論に基づく科学教育改革の基礎—新旧科学観・技術観と新旧科学リテラシー論比較を基に—. 新しい科学リテラシー論に基づく科学教育改革の基礎研究，2002：1~10.
[④] Paul DeHart Hurd. Scientific Literacy: New Minds for a Changing World. Science Education，1998，82：407~416.
[⑤] Robert Karplus. et al, A New Look at Elementary School Science Curriculum Improvement Study. Rand McNally and Co. Chicago，1967.
[⑥] 大桥秀雄. 発展のための科学・技術に関する国際会議 教育・訓練の重要性. 科学教育研究レター，1979，16(12)：3.

"scientific literacy"翻译成"科学的基础教养"(科学の基礎教養)①。

20世纪70年代后期发表的与科学素养相关的论文中,比较引人注目的是鹤冈义彦②与三岛重义。他们参考了美国国家科学教师联合会(National Science Teachers Association,简称 NSTA)课程委员会的联合声明以及当时美国的一些研究科学素养的相关学者如佩拉(M. O. Pella)、赫德(P. D. Hurd)、M. L. Agin 等人的观点③,形成了自己对于科学素养概念的看法。其共同看法是,日本应当重视美国在 SCIS 课程中所明确表明的"科学教育的目的是提高科学素养"这一观点,然而在科学素养的构成要素相关问题上,两人的着眼点显然不同。三岛重义认为科学素养的唯一要素在于"与科学相关的语言能力"。为此他还做了美国的科学教育相关的言语表达的研究④。与此相对应,鹤冈义彦则基于科学素养发展的特定具体社会语境,进行相关教育理论的基础研究,他认为美国 SCIS 课程中作为科学教育的目的的"scientific literacy"应该被理解为"培养丰富的公民素质"(市民としての豊かな資質の育成)⑤。鹤冈的这一观点对后来日本国科学素养的培育与发展产生了深远影响。

二、20 世纪 70 年代"科学素养"概念的特征

如上文所说,日本的"科学素养"相关概念最早是于 20 世纪 70 年代由日本学者从美国的 SCIS 课程改革中发现,并引进到日本的,其目的是为了更好地改进本国的科学教育。当时日本学术界所出现的与科学素养有关的论文中,无一例外地涉及美国提出的"scientific literacy"概念⑥。根据日本学者们对于此概念的诠释和理解方法的不同,可以大概分为两类:第一类是认为"literacy=识字",认为"科学素养"就是指与科学相关的言语能力。这一观点的代表人物是大桥秀雄和三岛重义;另外一种观点是,科学素养的概念的定义是与特定的社会背景、大众的教育理论、生活环境等具体情形相关的市民的内在素质的提升。这一观点的代表人物是鹤冈义彦和长洲南海男⑦。

总的来说,这段时间以内在日本展开的对于究竟何为"科学素养"的讨论是围绕美国当时科学教育的动向中所谓的"作为科学教育之目标的科学素养"这一观点而展开的。虽然学者们都同意美国的这一观点,但是对于"科学素养"的具体内涵却各有看法。但是从

---

① 野上智行. 第 1 章 アメリカ合衆国. 世界の理科教育(学校理科研究会編). みずうみ書房,1982:59.
② 鶴岡义彦. Scientific Literacy について—米国科学教育の動向に関する一考察—. 筑波大学教育学研究収録. 第 2 集,1979:159~168.
③ Milton. O. Pella, et al. Referents to Scientific Literacy. Journal of Research in Science Teaching Vol. 4, 1966:199~208.
④ 三岛重义. アメリカの科学教育における言語の取扱い. S53 年度大橋班研究報告書 広島グループ代表者木村仁泰. 科学教育における概念形成と言語表現,1979:79~98.
⑤ 大木道則. 科学・技術リテラシーの育成に関する考察. 高度科学技術社会に必要な科学・技術リテラシーの育成の基礎的研究,1993:1~6.
⑥ 三岛重义. アメリカの科学教育における言語の取扱い. S53 年度大橋班研究報告書 広島グループ代表者木村仁泰. 科学教育における概念形成と言語表現,1979:79~98.
⑦ 长洲南海男. 新しい小学校理科教育の特質—英米の動向と日本の改訂学習指導要領—. 科学教育研究. 1989:13(1):3~9.

另外一方面说,学者们开始对"科学素养"引起重视,这是日本对于"科学素养"的培育与发展事业的良好开端[①]。

第五节 小　　结

　　20世纪60、70年代是日本经济持续高速增长的时期。在此期间,日本国力大大增强,迅速成长为世界经济大国之一。经济的发展自然就带来了国民生活质量的改善与国民生活水平的显著提高。日本政府为了适应时代经济发展与社会生活现实的需要,以大力普及国民生活中家用电器以及产业生产中对于海外引进新技术的本土化推广为此阶段的两大目标,进行了以全体国民为对象的"生活中的科学普及"运动以及以产业界为对象的"对于海外引进技术的普及开发利用"运动。

　　1960年开始的"科学技术周"活动正式拉开了日本科学技术普及活动的序幕。由此,日本完成了自明治维新开始的纯实用的"科学技术实用主义"朝向,给国民提供实实在在需要的知识的"科学技术的普及启发"的阶段转变。这一时期日本政府的科学普及工作,从内容上来看,主要是传播具体的科学知识和技术成就,较多介绍科学技术的细节,而较少关注对于科学技术的宏观整体的把握以及科学技术对于社会的影响;从科学知识的普及形式上来看,只是一种自上而下的灌输与简单普及,基本上没有传播科学知识过程中的"传播者"与"受众"之间的对话、交流。

　　与此同时,1962年的美国SCIS新课程给日本的理科教育带来了改革风潮。在引进美国新课程进行自身理科教育改革的同时,日本学者引进了新课程中所提及的"scientific literacy"概念,并针对其内涵用不同的研究方式进行了讨论。由此,科学素养的概念正式被导入日本,这是日本国民科学素养事业发展的起点。

---

① 今荣国晴. 高度科学技术社会に必要な科学・技术リテラシーの育成の基础的研究,1993:13~20.

第三章

曲折阶段的 20 世纪 80、90 年代："疏远理科"

进入 20 世纪 80、90 年代以来，日本经济连续出现"零增长"（不到 1%），到了 1997 年甚至出现了经济的"负增长"。出现这一现象的根本原因在于，日本作为产业经济时代的良好适应者，虽然一向注重对于国外先进科学技术的吸收与引进，但是并未能跟上全球环境之下已经到来的新时代——知识经济时代的潮流[①]。与此同时，日本社会中出现了"理科離れ"（疏远理科）的现象，青少年对理科学习积极性不高，国民对于科学技术的发展也缺乏关心，日本政府以"促进国民对于科学技术的理解增进"为目标，采取了一系列措施来提高国民素养、提高其对于科学的兴趣。美国"2061 计划"公布后，日本科学素养研究领域的学者们对其加以积极的吸收与引进，并以此为对象进行了一系列相关的研究。

第一节 社会语境综述

1978 年，日本野村综合研究所在一份报告中阐述了日本成为经济大国之后发展科学技术的重要意义。第一次明确提出了"技术立国"这一口号，这被日本政府确定为 20 世纪 80 年代国家发展的基本方针。到了 20 世纪 80 年代，全球科学技术迅猛发展，新技术的强大冲击的国际大环境之下，为了确保本国资源、能源的稳定开发以及提高自身科学技术开发能力，日本通商产业构造审议会于 1980 年在《80 年代通商产业政策的现状》文件中首次明确提出"科学技术立国"战略，并把 1981 年定为"科学技术立国元年"。这意味着日本科学技术政策的立足点已经发生转移，即由原来的依靠技术引进来促进经济高速增长，转向依靠开发创造性的自主技术来建设多元文化社会。

日本科学技术厅在 1995 年所进行的"关于我国研究活动实际状况"的调查报告中表明，在提出"科学技术立国"15 年之后，日本的科学研究水平（特别是在作为独创性和尖端科学技术源泉的基础研究方面）与欧美国家相比仍然存在着相当大的差距[②]。面对新的经济、科技竞争态势，日本国会以空前高度一致通过了《科学技术基本法》[③]并明确提出了"科学技术创造立国"战略。该法的提案说明中明确指出"当日本处于赶超时代，技术方面

---

① 日本科技厅. 我が国の研究の実態に関する調査報告，1995.
② 日本总务厅统计局. 科学技术研究调查报告，1995.
③ 尾身幸次. 科学技術立国論. 東京：読売新聞社，1996.

总是存在着作为追赶目标的先进国,在很多领域都有引进技术的可能。然而,现在已经结束了这个时代。今后,作为领先者的一员必须自己向未开辟的科技领域挑战,以开拓未来。"这意味着日本科技政策的转向:由赶超向领先、由模仿向创新的转变[1]。

"科学技术创新立国"战略是带着新时代对"避免成为知识经济时代的落伍者"的强烈危机感,在新旧时代交替之际出台的,标志着日本科技政策进入到重视基础研究和强调创新的新阶段,并开始向"科学技术创新立国"转型。《科学技术基本法》中,明确将"科学技术与人类社会及其自然的和谐发展"作为科学技术振兴的目的方针之一。日本1995年度《科学技术白书》同时指出,"为了21世纪的发展,重要的问题是进一步积蓄可说是我国最大资源的国民的才智并加以正确的运用。为此,需要进一步发挥国民的理性创造力,产生新的价值,实现能给国民带来真正富裕生活的科学技术创造立国。"[2]1996年制定的《第一期科学技术基本计划(1996—2000)》中,日本政府明确要求采取措施来"促进青少年对于科学技术相关学习的兴趣以及唤起国民对于科学技术理解的增进与关心"。1998年,日本科技部召开研讨会,主题是"传播者的重要性",指出今后必须形成一个任何人都理解科学技术的社会,科学不仅仅是专家的,科学技术本来就应该属于所有人。2001年1月,日本政府将原负责科技行政的科技厅与管理学术教育行政的文部省合并,成立文部科学省(The Ministry of Education, Culture, Sports, Science and Tehnology,简称MEXT)。此次行政机构的改组的目的就是更好地推行人文、科学与社会的协调发展,使日本走在世界其他国家的前列[3]。

第二节 "疏远理科"社会现象

自明治维新以来,日本只注重吸收西方的现有科学而忽视其科学思想精神,使得学校的理科教育表现出很强的实用性。为了追求升学率,理科教师只是采取填鸭式教学以使学生更多地掌握个别知识,提高解题技巧。这种脱离现实的"非自然科学教育"降低了学生对理科的兴趣,很难培养他们科学的研究精神和态度以及科学分析与思考的能力。于是在中小学里渐渐出现了"疏远理科"的现象。

与此同时,据文部科学省的相关调查,在整个社会大背景之下,国民对于科学技术的发展兴趣程度也降低了,国民的科学思考能力普遍下降。当今科学技术变得高度复杂化,难以被外行所理解,这是国民疏远科学技术的原因之一。

其实在日本,并没有对于"疏远理科"这一词语的明确定义。作为其依据之一的是在国际教育到达度评价学会实施的《国际数学·理科教育调查》中显示,日本的学生虽然普遍成绩很好,但是极少有人认为理科课程有趣。《有关科学技术和社会的民意测验》也显

---

[1] 崔万有,季风. 日本科学技术创造立国战略对我国的启示. 高科技与产业化,2007(3):92.
[2] 冯昭奎,张可喜. 科学技术与日本社会. 西安:陕西人民教育出版社,1997:13.
[3] 菅野礼司等著. 日本科技教育与政策发展述评. 张明国译. 辽宁师范大学学报(社科版),1994:32.

示出日本国民对科学技术的关心与世界上其他发达国家比较处于较低地位。于是作为表现这样一种 20 世纪 80、90 年代时期日本社会的普遍状况的用语,"疏远理科"这个词开始被广泛地提及。

根据国立教育研究所的跟踪调查如图 3-1,随着升学阶段的提高,学生对于理科的感兴趣程度越发的低。觉得"理科有趣"的小学五年级学生超过 80%,但是,到了初中二年级减少到 60%,而高中生则降至 50%。

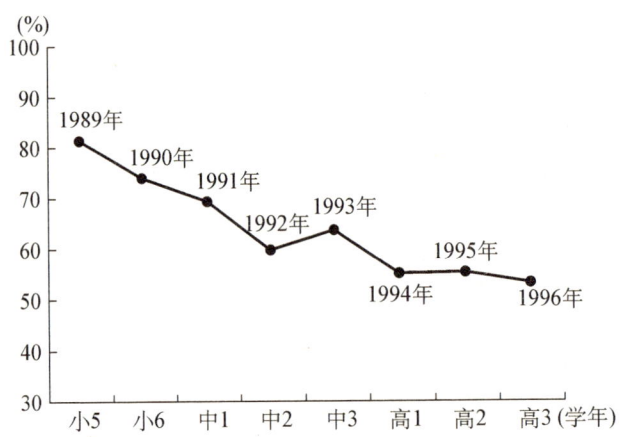

图 3-1 中小学生对于科学技术的关心程度调查(1989—1996)

资料来源:文部省国立教育研究所.数学的・科学的能力や態度の小中高・社会人における発達・変容に関する研究,1998

据 1999 年实施的第 3 次《国际数学・理科教育调查》第 2 等级调查的调查结果,日本初中二年级学生的学习成绩与新加坡和韩国的同级学生并列第一。可是"喜欢理科学习,对理科感兴趣"学生的比例以及"将来想做科学相关工作"学生的比例却位于所有被调查国的最后一位,并低于国际平均值。作为 20 世纪 90 年代开始推行"科学技术创新立国"并将"知识创新能力"视为国力强盛之动力的日本来说,这是迫切需要解决的现实问题。财团法人日本青少年研究所在 1999 年所对于日本、韩国、美国、中国的四国中学生所做《"21 世纪的梦"的调查》的调查报告(图 3-2)中曾经这样说道:日本的年轻人正在好像丢失"梦",没有未来的志向,并且丢失了"勤勉、努力"这一产业社会的重要理念。

如图 3-2,调查项中"和 21 世纪的社会关于有关生活的看法""成为有希望的社会,世界变得更和平,国民生活变得更丰富""科学的进步变得更幸福"等的支持率,日本在 4 个国家处于最低位置,与每个的项目的支持率都超过 8 成的中国形成极为鲜明对比;与此同时,"作为人生的目标之一,在科学的领域进行新发现"的关心度,日本低至 1 成以下。

"疏远理科"这一情况不仅仅在日本 20 世纪 80、90 年代的中小学校中存在,而且还广泛存在于社会之中。从看 OECD 所做对于"加盟 14 国国民的科学技术上的关心比较"的结果(如图 3-3)来看,在"科学上的新发现""新技术的发明与开发""医学上的新发现""环境污染问题"等全部的调查项目中,日本全都居于末位。

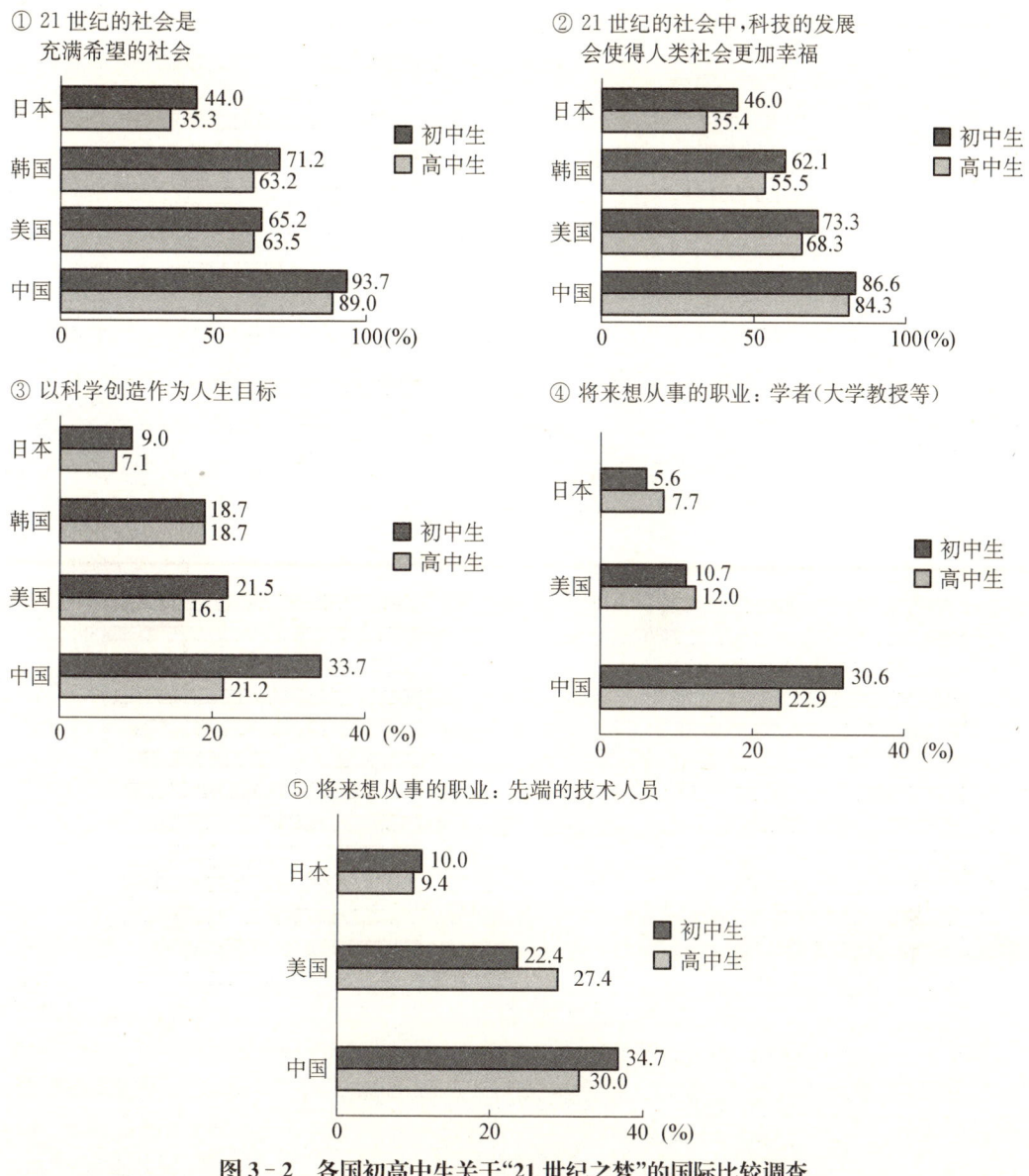

图 3-2 各国初高中生关于"21世纪之梦"的国际比较调查

资料来源：(财)日本青少年研究所 HP 「21世紀の夢に関する調査報告書.1999」

一、背景要因

虽然年轻人疏远理科这一现象在众多发达国家都普遍存在着，但是在日本社会必然存在着自身的独特原因。对于成人以及青少年的"疏远理科"的原因的考察与学校中理科教育的教育课程与教育制度的妥当性等进行反思，我们能够总结出以下几点原因所在：

第一，由于科学技术的快速发展、专业分科的不断增加所引起的对于现代社会与科学

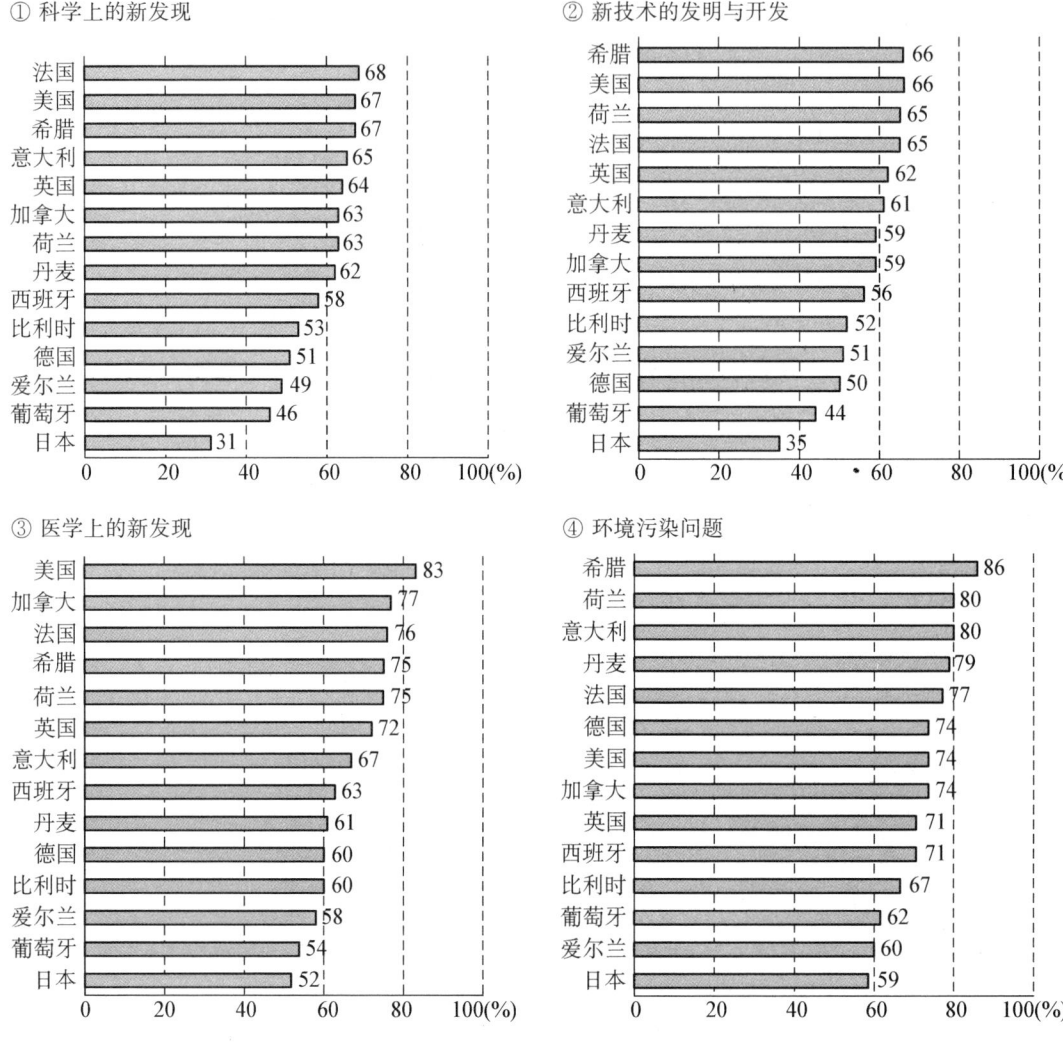

图 3-3　OECD 加盟国民对于科学技术的关心指数比较

资料来源：OECD：Science and Technology in the Public Eye, 1996

技术关系问题的思考是当今发达国家普遍存在的重要课题①。由于科学技术越来越专门化，一般外行的人很难理解，所以有"科学技术就在我们的生活之中"这一意识的民众越来越少，造成了科学技术的"黑匣子现象"②。对科学技术的理解无能造成了对于科学技术积极性和能动性关心程度的减退。这一现象可以说与西班牙哲学家加塞特 Ortegay Gasset 所著《大众的逆反》③一书中指出的"文明的野蛮人"假说中"大众社会论"的系谱相

---

① 文部科学省. 科学技术白书, 1993：47～73.
② 清水钦也. 我が国の理科カリキュラム改訂による一般成人の科学技术理解に対する効果—コーホート分析による「理科離れ」及び「学力低下」の検証—. 科学教育研究, 2004, 28(3)：166～174.
③ オルテガ・イ・ガセット. 大衆の反逆. 東京：筑摩書房, 1995：6.

吻合①。

第二，理科教育中也存在着不可忽视的问题。自 20 世纪 90 年代以后，学校教育中理科教育的地位不断下降。理科教学大纲中对于学习目标要求的降低以及理科教育学时的削减造成了学生理科学习能力的普遍低下②。理科的授课总学时从 1977 年的《学习指导要领》修订以来，一直在不停地减少，教学大纲上的授课内容也在不断地被削减。授课内容的削减造成了知识掌握的断片化③。比如在高中的理科教育大纲之中，以前物理、化学、生物和地理这四门科目都是必修课程，然而在 1989 年修订的(1994 年起实施)《学习指导要领》之中，变为学生可以在这四门课中自由选择两门来学习。2000 年物理课程的修课率仅仅为 12%④，与此相关联，大学的基础教育必然也受其影响，然后从大学毕业走出来的中小学教师理科知识的薄弱又使得学生基础学习成绩的降低，由此造成了恶性循环。还有，以前从属于地方上的自然史、生物、地学等的研究会，以当地的自然环境为基础进行教材的研究与开发的理科教师中，很多人都把注意力转移到其他方面，如分担行政、校务等，因此也有地域性理科教学能力下降的现象⑤。

与此同时，随着时代的发展和科学技术的不断进步，孩子们的兴趣爱好也不断发生着变化。在 20 世纪 60、70 年代主要推行"生活中的科学普及"的日本，"收音机少年"（日语：ラジオ少年）是个非常具有当时时代特征的名词，专指那些对电器的分解和修理、装配等电子工作怀有兴趣的孩子们。收音机成品售价很高，而半成品的价格相对较低，而且组装方法也都被公开。当时的娱乐项目很少，所以很多孩子都愿意自己动手来组装一台收音机，既锻炼了自己的动手能力、增加了有关半导体方面的科学知识，组装好的收音机还可以用来收听电台节目。然而到了 20 世纪 80、90 年代的时候，电视机、游戏机等已经被广泛普及；与此同时，大量生产使得电子产品的成本以及价格大大降低，因此很少人愿意通过自己亲自动手修理或组装电器了，孩子们失去了动手的乐趣。

第三，整个社会的风气也推动了"疏远理科"这一现象的产生。据调查显示，日本社会中文科出身的人与理科出身的人，一生工资总额的差距有 5 000 万日元之多⑥。在美国，进行研究工作和技术工作的人员平均工资分别是一般事务人员的 2.13 倍和 1.65 倍；而在日本则分别是 1.18 倍和 1.11 倍⑦。此外，学习理科专业的博士毕业之后很难找到称心的工作。社会中的"主角"都是大学中社会科学相关研究生院的法律、经济专业的毕业生，而理科学生只能做"配角"⑧。因此从社会阶层的构筑上来讲，从事理科的学习对于青少年来说没有丝毫魅力可言。另一方面，社会中缺乏学习科学的氛围。在欧美，很多综合的

---

① 小林信一.「文明社会の野蛮人」仮説—科学技術と文化・社会の相関をめぐって—. 研究・技術・計画,1991,16(4)：247～260.
② 小川正賢.「理科」の再発見—異文化としての西洋科学—. 農山村文化協会,1998：33～50.
③ 森一夫. 理科はなぜ離れられてしまったのか. 科学,2000,70(10)：856～860.
④ 小林昭三. 学力低下問題と日本の教育・教員養成. 日本の科学者,2001,36(3)：111～115.
⑤ 岩村秀ほか. 若者の理科離れを考える. 放送大学教育振興会,2004：11.
⑥ 毎日新聞科学環境部. 理系白書—この国を静かに支える人たち—. 東京：講談社,2003：14.
⑦ 岩村秀ほか. 若者の理科離れを考える. 放送大学教育振興会,2004：25.
⑧ 市川惇信. 行政技官にみる日本社会の理系. 科学,2006,76(1)：67～75.

科学杂志都在出版发行,对比日本科学相关杂志的不断停刊,凸显出社会对于科学技术发展的不关心。并且,不仅科学相关出版物及其大学、研究机构等宣传活动的薄弱,社会与科学技术之间也缺乏沟通交流的机能[①]。

第四,"疏远理科"的社会性现象的形成,科学技术及其研究者也难辞其咎。发展中的科学技术对于社会的影响不断扩大,并随之产生了伦理上的、法律上的各种问题,这是国民产生对于科学技术的不安以及不信任的主要原因。此外,随之科学技术的专业日益细分化以及新兴领域知识的不断增多,专业的科学技术研究者根本不关心除了自身研究领域之外的事情,缺乏"作为科学技术研究者对于社会所肩负的责任感"[②]。与此同时,研究者缺乏与社会的交流沟通,"对话"不足[③],造成了社会一侧的民众对于科学技术本质特征的不理解,从而形成对于科学技术的不信任和对于科学技术发展的不关心。

二、对策:"科学技术理解的增进"

随着科技与社会的发展,科学技术的社会效应得到强烈关注,单向的传统科普模式已经不适应社会发展的需要。1985 年,英国皇家学会发表了著名的《公众理解科学》报告,正式标志着科学技术普及(science popularization)阶段向"公众理解科学"(public understanding of science)阶段转变。这一阶段的活动主体很大程度上是社会性的,即更加注重科学的社会效果,其重要任务就是判断和引导公众理解科学、全面正确认识科学。

在日本,推动"公众理解科学"的浪潮也逐渐展开。随着经济的发展和科技的日益进步,在日本,不管是科普的概念还是科普的内容和形式都发生了巨大的变化,赋予它的名称是"增进国民对科学技术的理解"(科学技术理解增进),在过去的单纯的普及科学知识的基础上,更多的是增进国民对科学技术的理解。尤其是 20 世纪 90 年代后期,日本更加重视科学技术、社会与人类相互关系的研究。为了消除"疏远理科"的社会现象,无论是官方政府、不同政党与民间学术研究会都积极主动地献计献策。1994 年 12 月,日本科学技术会议发布了名为《关于确保科学技术系人才培养的基本指针》的第 20 号咨询答复报告[④]。该报告中主要提出三大建议要点:第一,构筑国民能够"人人都掌握科学知识"的社会环境;第二,开创能够发挥研究人员创新能力的研究开发环境;第三,促进各行各业的人都积极投身于科学技术活动。

《科学技术基本法》制定后,1996 年开始的第 1 期基本计划中特别设有《对于科学技术相关学习的振兴以及理解的增进与关心的唤起》这一专题。同年秋天,科学技术振兴事业团(也就是如今的科学技术振兴机构)设置了"科学技术理解增进室"。这是"科学技术理解增进"政策正式开始的标志。1997 年,当时的科学技术厅成立了以生命志研究馆副

[①] 渡辺政隆,今井寛. 科学技術理解増進と科学コミュニケーションの活性化について(調査資料 100). 文部科学省科学技術政策研究所,2003:51~53.
[②] 戎崎俊一. 科学者の"科学離れ". 科学,2000,70(10):798~790.
[③] 每日新聞科学環境部. 理系白書——この国を静かに支える人たち——. 東京:講談社,2003:135~138.
[④] 科学技術会議. 諮問第 20 号「科学技術系人材の確保に関する基本指針について」に対する答申,1994:12.

馆长中村桂子为首的科学技术理解增进检讨会。次年11月,该检讨会提出了名为《传播者的重要性》①的建议报告,其中包括了具体执行"科学技术理解增进"政策的基本事项如科学技术理解的重要性,理解增进活动现场的相关人员及其组织活动的手段等。该报告中明确指出,今后必须形成一个任何人都理解科学技术的社会:科学不仅仅是专家的,科学技术本来就应该属于所有人。21世纪的科学技术必须和文学、艺术一样对所有人都具有魅力,必须建立一个"人人关心科学技术,并且能够以自身具备的对科学技术的理解和知识判断什么样的科学技术是我们所需要"的社会。"科学技术理解增进"的内涵不是有知识的专家以自己已有的知识教育、启蒙国民,而是专家和国民积极互动,形成全社会对科学技术持有关心、负有责任的局面:专家的责任是努力研究开发社会需要的科学技术,并为此与全社会合作、交流;国民的责任是关心科学技术,理解政府的科技计划并提出建议,正确判断科学技术,自如运用科学技术,认识科学思维方式的重要性,经常以志愿者的身份参加调查、研究等。

以科学技术在社会中的影响力扩大与全体国民科学素养的普遍提高为总体目标,对于国民的科学技术的理解增进受到相当重视的同时,日本政府也把目光投向中小学理科教育的改革。在"科学技术创造立国"为国家发展战略的日本,日本政府也意识到了培养未来的科学技术研究者以及全体国民对于科学技术理解增进的重要性。

第三节　理科教育改革

一、20世纪80年代的理科教育改革

20世纪80年代以来,日本的经济继续增长,高新技术层出不穷,特别是信息技术的广泛使用,知识更新几乎成了每个人的需要。为了更好地推进"科技立国"战略,1984年8月,日本政府成立的临时教育审议会先后于1985年6月、1986年4月、1987年4月和1987年8月发表四次咨询报告,由此开始了日本教育史上轰轰烈烈的第三次教育改革。与20世纪50、60年代的理科教育相比,日本20世纪80年代的理科教育改革从"科技立国"的整体战略出发,从教育制度改革入手,注重培养学生的自主性和创新性以及丰富的个性,总体上来说,更注重学生科学素养的培养。这次教育改革提出了三个基本观点:首先,重视学生的个性发展,要求在打好基础的前提下培养其创造力、思考力和表达能力,发展个性,养成广阔的胸怀;其次,由学校的理科教育向终身学习体系过渡,要求在学校教育的基础上,能够终身自主地学习;最后,要适应时代的变化。对社会的不断变化,特别是国际化和信息化,能够主动灵活地适应。这些观点成为随后教育改革的基础。日本政府在基础教育方面采取了一些积极的举措。

与20世纪60、70年代的理科教育改革相比,20世纪80年代的理科教育改革从"科技

---

① 科学技术理解增进检讨会.科学技術理解増進検討会からの提言—伝える人の重要性に着目して—,1998.

立国"的整体战略出发,从教育制度改革入手,注重培养学生的独创性和创新性以及丰富的个性,在高级中学设置与科技发展相对应的新学科。总体上来说,更注重对于学生科学素养的培养。不仅培养青少年独自思考的能力,教授其应当具备的知识,而且还致力于激发起对科学技术的热情。不仅在学校的校内理科教育过程中安排观察、实验和课题学习等"问题解决体验"模式的学习,还组织各种课外活动,通过参观、考察在高等教育机关以及博物馆、科学馆等增加学生们触及科学技术的机会。通过这样学校内外的学习、活动来提高学生学习的热情和对于科学知识的好奇心与探求心。特别值得一提的是,在学生们进行参观考察的时候,积极地推进研究人员和技术人员与青少年之间的交流,这是很重要的一环。

为了适应电子信息技术发展突飞猛进的信息时代,1986年,临时教育审议会《关于教育改革的第二次咨询报告》中提出"有必要在初等教育、中等教育和社会教育中加强信息手段的运用,培养和提高使用信息手段的能力"[1]。因此,日本基础科学技术教育中专门开设了信息技术教育课程,小学和初中要求每周有2课时,高中普通科设置《信息》新学科,一些小学从1985年就开始引进计算机,积极开展计算机教育和信息资讯教育。1989年,日本文部省第一次同时对幼儿园、小学和初高中的各科《学习指导要领》进行了全面的改革,对学习内容再次进行了精选和集约,重新编排知识结构体系,充实了与日常生活密切联系的内容,大幅增加选修课以发挥学生的个性和不同适应性。

二、面向新世纪的理科教育改革

20世纪90年代,随着日本政府提出"科学技术创造立国"的新发展战略,日本进入"重视基础研究、强调创新"的新阶段。这一时期,强调理科教育必须重视人的创造才能的培养与个性化发展,必须坚持信息化、国际化、终身化的原则,理科教育成为推动日本社会经济发展的强大动力。

1996年,美国颁布了《全美科学教育标准》,明确地将科学本质的相关理念放进课程标准中。其中给"科学素养"提出了描述性定义:所谓有科学素养是指了解和深谙进行个人决策、参与公民事务和个人及文化事务、从事经济生产所需的科学概念和科学过程。此外,还包括一些特定门类的能力、有科学素养意味着一个人对日常所见所经历的各种事物,能够提出、发现和回答因好奇心而引发的一些问题,意味着一个人已有能力描述、解释甚至预言一些自然现象,能读懂通俗报刊刊载的科学文章,能参与就有关结论是否有充分根据的问题所作的社交谈话,能识别国家和地方决定所赖以为基础的科学问题并提出有科学技术根据的见解,能根据信息源和产生此信息所用的方法评估科学信息的可靠程度,能提出和评价有依据的论点并恰如其分地运用从这些论点得出的结论[2]。科学本质为何对学生学习科学如此重要?学生为何要学科学?其中一个重要的原因是培育未来的科学家,但这只是为少数人提供的第一阶段的教育训练,对大多数人而言是为提升其科学素

---

[1] 金京泽. 日本理科教育的新动向. 课程・教材・教法,2003(11):75～78.
[2] Ellis and Jeffrey Fouts. Research on Educational Innovations,1997:165.

养。就此论点,对科学本质的理解,是大众理解科学的一个必要的成分。以功利主义的观点来看,人们学习科学是为解决日常生活的问题,此涉及必要的知识外还包括对知识判断的能力,因此会涉及对知识来源的理解,这就属于科学本质的部分。所谓理解科学本质是说一个人对于科学的想法,其核心是他们对科学知识本质的理解。

  日本通过对美国先进经验的吸收与借鉴,及时引进了理科教学中培养学生的科学素养的观念,在第15届中央教育审议会于1996年7月发表的题为《展望21世纪我国教育的应有状态》的第一次咨询报告中也明确提出了培养"科学素养"的理科教育方针。报告指出"在打基础的中小学教育阶段,培养孩子们丰富的科学素养自然是重要的。"这个报告为日本20世纪90年代以后中小学的理科教育指明了方向[①]。日本中央教育审议会于1996年8月发表了题为《关于面向21世纪的我国教育》的咨询报告,强调未来日本教育的基本任务就是培养学生的"科学素养与生存能力"。日本教育课程审议会根据该报告的精神,对中小学课程标准重新进行了审议。文部省依据审议的结果,于1998年11月颁布了新的《学习指导要领》,开始了面向新世纪的课程改革。

  新《学习指导要领》中明确规定,初高中要把信息课作为必修课。1999年12月,日本政府又制定了"教育信息化实施计划",对中小学计算机教学进行了综合规划,确定了到2005年全国中小学所有科目都要实现计算机和因特网授课的教学目标,并提出了具体的政策和措施以全面推进信息教育。这次理科课程改革把亲近自然,有目的、有意识地进行观察和实验,培养科学调查能力和态度,培养科学的观点和方法作为基本方针,通过解决问题学习和体验学习来落实培养"生存能力"这一基本任务。从课程内容来看,重视学生的日常生活和社会实际,强调学生的真实感受和亲身体验;注意考虑地区的特点;增加学生自主选择的内容。这些特点使得日本理科课程"人性化"的特征更加明显。正是在这个意义上说,这次改革是"人性化理科课程"的进一步深化。1999年12月16日,中央教育审议会在《日本国关于改善中小学教育与高等教育衔接的审议报告》中明确提出"在初中中等教育阶段不是单纯地灌输知识,而是要培养自主学习、自主思考的能力;在高等教育阶段,要以初等教育为基础培养探索问题的能力"[②]。

  面对即将到来的信息化、国际化特征愈益显著的21世纪,日本理科教育和科学素养的内涵也在不断拓展,其中比较突出的是计算机教育已经成为理科教育的一个重要组成部分。1991年,文部省颁布《信息教育指南》,"信息运用能力"正式列为信息教育的目标。1992年,小学新设课程《生活和社会》,把理解信息化社会的特点及电脑通讯等新兴技术的价值与作用,使得学生了解信息在科技高速发展的现代社会生活中的重要性作为教学目标。1997年,日本政府启动了一项"百所中小学联网试验系列"研究项目,主要目的是让中小学生通过互联网,从小接触、了解科研的前沿,培养孩子们爱科学和敢于创新的意识。1998年和1999年分别颁布的初、高中《学习指导要领》当中明确规定初中信息教育设置必修课《技术·家庭》,高中设置必修课《信息》与《计算机》。1999年12月,日本政府

[①] 廖宗明.战后日本加强基础科技教育的政策和措施.高等教育研究,2006(3):6~10.
[②] 国家教委情报研究室编.今日日本教育改革.北京:北京工业大学出版社,1988.

又制定了《教育信息化实施计划》，对中小学计算机教育进行了综合规定，确定了到2005年全国中小学所有科目都要实现计算机和因特网授课的教学目标，并提出了具体的政策和措施，以全面推进信息教育。

要实现突破性的科学技术革新，促进研究至关重要。为实现这一目标，就必须修改科学技术政策。在朝着培养有创新精神的科学家重新定向的努力中，理科教育举足轻重。昔日日本的教育政策侧重在提高学生的总体平均水平上。这一政策虽然在经济发展的"赶超"阶段是成功的，但其只能造就作为经济基础的"技术工人"，而非真正的"科学创新者"。而在这一时期，中央教育审议会对小学与中学教育的改革其主要目的就是培养中小学生对大自然一级科学与技术的探索兴趣。个性培养则是另一个重要目标。如何开发学生的创造性，这是一个重大挑战。对日本未来科学的发展更加关键的问题是教育，因为教育一代有才能的科学家所花的时间要比建立基础结构长，而理科教育的质量则决定了一个社会的经济和企业的潜力。20世纪80、90年代对日本尤其是个关键时期，因为日本正在从经济与科学两方面实现从"赶超"向加入全球发展最前部国家之列的转变。

美国的《全美科学教育标准》以及20世纪90年代日本国的理科教育改革都重视如下问题：加强科学课程与诸如社会问题、决策技巧以及技术（特别是计算机）等问题间的关联性，并强调科学内部及科学与其他学科之间的综合性。当前理科教育中的哲学趋势呼吁注意科学素养、科学作为一种思考和认知方式以及科学作为一种人类活动。探究学习也仍被课程开发者广泛地采纳。

第四节　20世纪末科学素养概念研究的进一步发展

一、美国的科学素养相关研究对日本的影响

自从20世纪70年代起日本开始了关于科学素养的研究之后，其研究中心就一直是对于美国最新科学素养相关内容的引进、吸收与借鉴。到了20世纪80、90年代时期，美国对于科学素养相关的研究日趋活跃，与此相对应，日本对于美国科学素养相关理论为研究参考的论文的数量也相应增加。

美国科学促进会（American Association for the Advancement of Science，简称AAAS）的相关活动向来是日本科学素养相关研究者们最为关注的焦点。AAAS是1848年诞生于美国的诸多科学的学会的联合体组织，其主要任务是出版著名的《科学》杂志（Science）以及以科学家联合体的立场给政府提供科学技术相关发展建议，其目标是促进科学进步、国际交流与科学启蒙。

AAAS从20世纪50年代开始就关注科学素养培养的重要性。当时随着科学技术的发展，负面影响（工业事故、环境污染等）的不断出现使得公众对于科学发展产生不信任感。于是美国社会开始了对于科学技术对社会的影响的相关热烈讨论。当时在《科学》杂志上就曾经展开有关科学素养的大讨论①。到 20 世纪 70 年代中期,美国国会的立法议案有一半以上都与科学技术有关,健康、能源、自然资源、环境、食品与农业、产品安全、外太空、通信、运输等与科学技术相关的公共问题都需要公众进行决策评议。鉴于上述种种原因,科学教育水平与公众科学素养问题开始在美国国内备受关注②。科学技术的研究不应该脱离社会,科学的发展应该对社会负责,与此同时,广大国民有了解科学发展形势和动向的权利。而国民要想很好地理解科学,首先前提就是要具备一定的科学素养。米勒认为,健康的社会民主制度需要大量有科学素养的公民,公民科学素养水平过于低下,就会削弱美国社会民主制度的根基③。

1985 年,AAAS 相继得到了美国国家科学基金(National Science Foundation)、卡内基财团以及国家机关对其的支援,开始进行科学相关教育改革大规模的工作——即举世闻名的"2061 计划"(Project 2061)。"2061 计划"倡导推行"为了所有学生的基本科学素养"。该协会组织了由 26 名杰出的科学家和教育家组成的专家组,研究从幼儿园至高中的学生应该掌握的科学技术——"知识、能力和思维习惯"。1989 年发表了首部报告书《面向全体美国人的科学》(Science for All Americans),是当时世界范围内科学素养提高运动的典范④。此阶段的科学教育更趋向于人性化,以及对于个人、社会与环境关怀的关联⑤。"2061 计划"运用科学、技术与社会理论(Science, Technology and Society)的基本理念,建立了"社会语境中的科学理解"的科学教育模型。除了科学技术社会理论,"2061 计划"还继承了 20 世纪 60 年代科学课程改进研究(The Science Curriculum Improvement Study)中的认知学习理论—学习建构论:认为学生能主动的建构自己的世界观,对当时的科学教育影响甚巨⑥。

"2061 计划"对"科学素养"进行了明确定义:"熟悉自然界,尊重自然界的统一性;懂得科学、数学和技术相互依赖的一些重要方法;了解科学的一些重大概念和原理;有科学思维的能力;认识到科学、数学和技术是人类共同的事业,并认识到它们的长处和局限性。同时,还应该能够运用科学知识和思维方法处理个人和社会问题","科学素养可以增加人们敏锐地观察事件的能力、全面思考的能力、以及领会人们对事物所作出的各种解释的能力。此外,这种内在的理解和思考可以构成人们决策和采取行动的基础。"⑦在此基础上,1993 年 AAAS 提出了《科学素质的基准》(Benchmarks for Science Literacy)报告,对"2061 计划"中"科学素养"的评判基准做了界定;1996 年又进一步制定了《全国科学教育标准》。此外,1998 年出版《改革的蓝图》(Blueprints for Reform)报告对于科学教育系统

---

① 其中最为活跃的有 Pella, M. O., O'hern, G. T., Gale, C. W. 等人(1966)
② 陈发俊,史玉民,徐飞.美国米勒公民科学素养测评指标体系的形成与演变.科普研究,2009(4):41~42.
③ Jon D. Miller. Scientific Literacy: A Conceptual and Empirical Review. Daedalus, 1983,112(2):29~48.
④ F. James Rutherford and Andrew Ahlgren. A: Science for all Americans. New York: Oxford University Press, 1990.
⑤ DeBoer, G. E. A history of ideas in science education. New York: Teachers College Press, 1991.
⑥ Bybee W Rodger. et al. Science and technology education for the elementary years: frameworks for curriculum and instruction. Andover. MA: The NETWORK Inc, 1989.
⑦ American Association for the Advancement of Science: Science for All Americans. Oxford University Press, 1989.

的主要构成要素进行解说,并且于 2001 年出版的《科学素养的设计》(Designs for Science Literacy)报告中对于如何将"2061 计划"的成果运用于实际教学的具体实践中提出了参考建议。这一系列的科学教育改革文件指明了美国科学教育的改革方向,并在国际上产生了极大的影响。

在这一时期的日本,凡是与科学素养相关的论文都基本围绕"2061 计划"进行探讨。在日本,最初对"2061 计划"进行讨论的是长洲南海男以及浦野弘。其中浦野弘(1994)[①]引用了长洲南海男(1993)[②]引进的"2061 计划"中对于科学素养的定义,因此可以说长洲是首位导入美国"2061 计划"思想的学者。1990 年代后期以来,推进日本国内对于"2061 计划"全面理解的是人见久城的一系列论文。在其于 1997 年所著的两篇论文[③,④]中,人见久城详细介绍了"2061 计划"报告书中总目标的三个实行阶段[⑤]以及在各阶段之间的联系,并且指出"2061 计划"是美国进行科学教育"改革的工具"(Reform Tools)。之后,人见久城在 1999 发表的论文[⑥]中对美国在 1980 年代实行的"2061 计划"、美国国家科学教师联合会的"范围、顺序与协调"计划(Scope, Sequence and Coordination,简称 SS&C)以及《全美科学教育标准》(National Science Education Standards,简称 NSES)这三次科学教育改革进行了比较。此外,人见久城在此文中还介绍了美国加州大学伯克利分校劳伦斯研究所于 1991 年发布的《数学与科学的伟大探求》[⑦](Great Explorations in Math and Science,简称 GEMS)报告书。此报告书对于以上三个项目中内容进行整理,对于如何进行以提高科学素养为目标的科学教育进行了构想:①科学教育的对象是谁?②学生应该学习什么?③学生应该如何学习?④对于①—③问题的解决方案需要采取何种措施使其实现?这四个问题很好地抓住了 1980 年代美国的科学素养论的概要。此外,人见久城还对"2061 计划"具体如何运用于课程大纲的设置中做了研究和探讨。

二、日本国科学素养概念的特征

总的来说,从 20 世纪 70 年代开始到 20 世纪末这段时期日本对于"科学素养"概念的探讨中,日本学者一直都将其主要注意力放在美国的科学素养相关研究成果的引进与吸

[①] 浦野弘. リテラシーをふまえた気象の学習の枠組み. 日本科学教育学会研究会研究報告,1994,8(6):41~44.

[②] 长洲南海男. 生物学的リテラシー. 高度科学技術社会に必要な科学・技術リテラシーの育成の基礎的研究,1993:43~52.

[③] 人见久城. アメリカのプロジェクト 2061 におけるカリキュラム構成の考え方. 理科の教育. 1997,46(3):152-155.

[④] 人见久城. アメリカのプロジェクト 2061 におけるベンチマークについて. 日本科学教育学会研究会研究報告,1997,11(5):43~46.

[⑤] "2061 计划"是由三个阶段组成的:第一阶段确定所有科学方案都将作为目标的知识、技能和态度;第二阶段吸纳教师和科学家加入,开发出几种不同的课程模型,供不同学区学校使用;第三阶段是持续多年的合作,在其中早先阶段的结果将大规模地应用于全国范围内科学教育的改革。

[⑥] 人见久城. アメリカ科学教育界におけるカリキュラム改革の共通項. 日本科学教育学科意見休会研究報告. 1999,13(4):27~32.

[⑦] Jason R Baron. Assessments for great explorations in math and science. Berkeley:University of California, Lawrence Hall of Science,1991.

收之上。20世纪90年代开始,美国"2061计划"是日本学者们议论的中心,与美国科学素养论相关的各类研究在日本盛行,论文数量也大大增加,成为前所未有的一个研究高峰。代表性研究人物人见久城通过对于"2061计划"的研究和借鉴,开始呼吁设置本国科学素养培育框架的必要性。

在对于美国"2061计划"的参考与学习中最重要的收获是,日本学者普遍都有了"科学素养是为了所有人"(for all)这一认识。因为无论是在"2061计划"中,还是在美国国家科学教师联合会中都对"Science for All Americans"这一概念有所强调。于是很自然地,对于"为了所有人都能够提高科学素养的、科学教育的问题"成为日本学者的关注点。那么,如何才能够很好地诠释美国提出的"for all"理念呢?长洲南海男强调了"全部的人达成科学的、技术的素养"与"新的科学教育改革运动"这两点,这与美国后来植入科学教育内的"for all"理念和科学素养论的关系相合,是日本学者们都信服的重要论点。之后,长洲南海男[①]、熊野善介[②]等人各自从社会背景、计划制定者的教育理念、现实状况,个案研究等方面对美国科学素养的动向以及科学素养概念的把握等进行了研究。

第五节 小 结

在20世纪80、90年代,日本走的是一条从"科学技术立国"至"科学技术创新立国"之路。这标志着日本在完成了追赶欧美国家的历史任务后,进入了发展独创性科学技术,力图培育具有创新精神的科学技术人才的新的历史时期。科研人员的培养离不开学校理科教育的发展,提高青少年的科学素养是一国开发科技人力资源、提高国家创新能力的重要途径。可是,从民众整体性的"疏远理科"社会语境所造成民众科学素养的缺乏与中小学生对于理科学习的淡漠,使得创新型社会的建设困难重重。日本政府对此积极采取各种举措,进行了"增进国民对科学技术的理解"运动与20世纪80、90年代的理科改革等。这在一定程度上提高了国民对科学技术的关注程度与中小学生对于理科学习的兴趣,然而"疏远理科"的现象并没有能够轻易消除,"疏远理科"的阴影还是一直笼罩着整个日本社会,伴随着日本步入21世纪,其具体情况我们会在下一章当中有所提及。

与此同时,在这一时期,美国科学促进会所颁布的"2061计划"以及其他一些科学素养相关改革运动的兴起与政策纲领的颁布,引起了日本学者们的极大兴趣与高度关注。对国外先进理论的引进和吸收是提高自身发展水平的行之有效的方法,日本一直以来都有着这样良好的传统。从对于美国经验的引进与吸收的过程中,日本学者竖立了培育科学素养的"for all"的理念。然而,当今世界各国的社会语境各有不同,政治体制与经济发

---

① 长洲南海男.新しい科学リテラシー論に基づく科学教育改革の基礎—新旧科学観、技術観と新旧科学リテラシー論比較を基に—.新しい科学リテラシー論に基づく科学教育改革の基礎研究,2002:1~10.
② 熊野善介.科学的リテラシーの再検討と日本の文脈での再構築—全米科学教育スタンダードと PISAの科学リテラシーの比較とその後の論文を基盤として—.新しい科学リテラシー論に基づく科学教育改革の基礎研究,2002:40~51.

展模式呈现多样性，因此对于科学素养的相关研究不可能照搬照抄国外模式，而是只能借鉴其经验，然后结合本国的现实国情如社会、经济、政治、文化等情况来建设具有本国特色的科学素养框架。在当今面向新世纪的"科学技术创造立国"的日本社会环境之中，在引进吸收美国先进科学素养相关理论和学说的基础之上，如何形成具有本国创新特色的科学素养的框架，以开拓具有本国特色的科学素养培育的道路？这是 21 世纪日本学者面临的重大课题。

第四章

全盛时期的 21 世纪："科学技术与社会"（上）

1999年7月，国际科学理事会（International Council for Science，简称 ICSU）和联合国教科文组织（UNESCO）共同主办召开了世界科学会议（又称"布达佩斯会议"）。本次大会提出的宣言是"社会中的科学，为了社会的科学"（社会における科学、社会のための科学[①]）。此次大会的主要议题是"科学家群体对于社会的责任"，探讨了今后的科学技术应该如何发展，并且为21世纪中，"科学技术"和"社会"之间新型关系的构筑做出了评估与评价。与会代表一致认为，科学共同体与政府主管部门的政策决策者应当在本国科学技术相关知识的生产与利用过程中，开辟民主讨论的渠道，以获得国民对于科学的信任与对于科学技术发展的支持。

在21世纪科学技术竞争愈演愈烈，作为提出"科学技术创造立国"响亮口号的日本，一如既往地对"科学技术的振兴"加以高度的重视。自明治维新以来，"一切围绕发展实业经济而发展科学技术"的科学实用主义的功利观点使得日本经济持续快速发展，然而其负面作用也使得科学技术失去了其本身的价值；与此同时，实用主义和功利主义使得科学技术的发展只注重其经济价值而严重脱离于社会，科学技术与社会之间不被相互理解，其间"沟壑"越来越深。

21世纪初的欧美，推进国民科学技术理解的时代已经结束，英、美等国走向了"科学技术与社会寻求同感和信赖的双向交流"之路。向来擅长于吸取国外先进思想的日本在考察借鉴了欧美的最新活动动态后，针对本国的现实状况，也提出了"作为文化的科学技术"的观点，并开始重新审视和评估科学技术与社会之间的关系。于是，日本政府进一步认识到科学技术与社会之间和谐发展、互相沟通的重要性，采取了一系列有利于国民科学素养发展的措施，在第2、3、4期《国家科学技术基本计划》中均有体现。日本的国民科学素养在21世纪得到全面发展，以往"单向、线条式"的科学传播模式向"双向、放射、交叉式"的科学传播模式进行着转换。

作为日本国科学技术政策的具体贯彻实施单位，文部省下属的日本科学技术振兴机构（JST）的国民科学素养提升相关事业蓬勃发展。与此同时，日本学术会议开展了日本科学素养框架体系的建设——《科学技术的智慧》计划。以北原和夫教授为首，150多人组成团队的此计划项目组制定并明确了全体日本国民都必须掌握的科学素养的具体框架，使得国民科学素养促进与提高的相关活动以及理科课程教材的修订等有据可依。

[①] 世界科学会议.科学と科学的知識の利用に関する世界宣言,1999-7-1.

第一节 社会语境及现实问题

一、依旧持续的"疏远理科"现象

虽然自20世纪80、90年代以来,日本国民疏远理科的问题就已经被明确指出,但却一直没有看到这一问题有所解决,或者有所缓和的迹象,见表4-1,4-2。长期以来,日本只吸收西方现成的科学而忽视其科学思想,使得其理科教育也表现出很强的实用性。为了追求升学率,理科教师只是采取填鸭式教学以使学生更多地掌握个别知识,提高解题技巧。这种教育降低了学生对理科的兴趣,很难培养他们的科学研究精神和态度以及科学分析与思考的能力[1]。于是在中小学出现了"厌烦理科""疏远理科"的现象。

2008年1月16日,文部科学省科学技术政策研究所科学技术动向中心召开科学技术专家网络会议,会上公布了OECD所做国际学生评估项目(PISA)2006年国际调查结果报告数据。OECD于2006年的调查中,对于"你认为自己到了30岁的时候,是否会在从事着与科学技术有关的工作?"这一调查问题,只有8%的日本高中一年级学生回答了"是"(该问题回答"是"的世界平均水准为25%),在OECD的57个成员组织或地区中,日本学生回答"是"的比率最低[2]。

OECD所实施的评估项目显示:日本的孩子们虽说也掌握一定程度的科学知识,但是对科学的兴趣程度比较低。与此同时,很少有青少年认为自己将来的职业会是科学技术研究[3]。因此"疏远理科"的现象在大学的工学部尤为显著,现实情况是,在很多大学中工学部正成为最容易入学的学部之一。在日本,大学的工学部受到冷遇的情形和亚洲其他国家形成了鲜明对比。比如中国、印度等新兴国家对于工学的重视,大学的工科总是高考志愿填报的热门。这个结果对于一直以来都将科技发展视为在国际竞争中取胜的动力源的日本来说,是一个警钟。

与此同时,年轻人对于科学技术发展的关注程度越来越低。从图4-1中我们可以很明显地看出两点:

首先,从总体趋势上看,国民对于科学技术的关心程度呈滑坡趋势。

其次,特别是年轻一代人对于科学技术的关心程度尤其下降明显。

年轻人远离科学已经成为一个很大的问题。所以对于标榜"科学技术创造立国"的日本来说,很多的年轻人对理科不感兴趣已经是极为令人担忧的社会现实,见表4-1。

尽管据相关调查显示,日本学生的理科成绩位于世界前列,但日本学生对理科的喜爱程度在国际上却是排行如此之低。导致这个结果的原因是多方面的。科学技术及其理科方面的相关信息和情报传达不及时或难于理解使得国民丧失对于科学技术的关心,中小

---

[1] 菅野礼司,等著.日本科技教育与政策发展述评.张明国译.辽宁师范大学学报(社科版),1994(5):31.
[2] 科学技術理解増進に係るデータ集(科学技術理解増進政策に関する懇談会第1回資料4).
[3] 北原和夫.科学技术的智慧计划.[EB/OL]http://sciencelinks.jp/ch/content/view/661/242/.

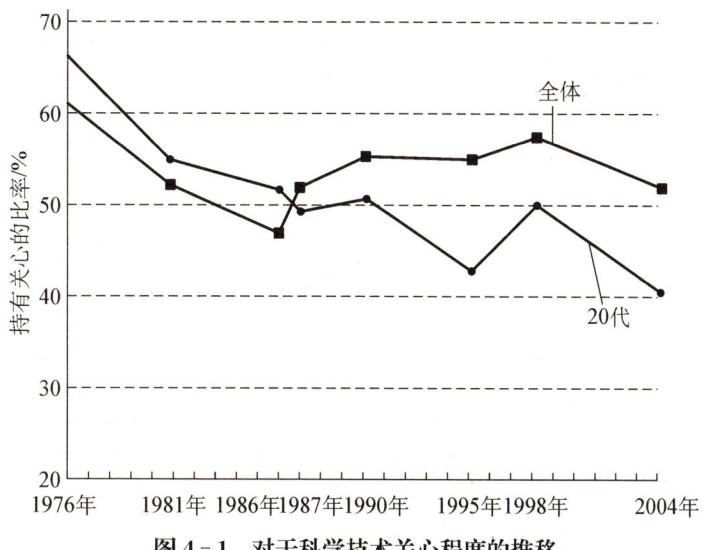

图 4-1 对于科学技术关心程度的推移

资料来源：内阁府，科学技术与社会的相关社会调查，2005

学生缺乏对于理科学习的兴趣；同时，国民也缺乏从事科学技术工作的动机，见表 4-2。如今的研究人员们忙于应对多层的"评价"，代表各自的研究领域最高水准的研究者大都忙于在大学或研究机构参加各种会议，但是他们的收入却不多。大众的视线都聚焦于这些研究者身上，他们的这种状态难以吸引年轻人也投身于科学研究之中。

表 4-1 日本中小学生中"疏远理科"（理科離れ）的现状

顺序	种别	调查名称	结果概要	备注
关于中小学校的学生理科的学习能力及其学习兴趣底下的显示数据。				
①	国际	OECD（2003 年）《学生的学习效果程度的调查（PISA）》	• 学生的科学素养水平与芬兰并列第一 • 学生的学习时间为每天 6.5 小时，比 OECD 所调查的各国平均水平（8.9 小时）要低。	此调查以 15 岁（高一学生）为考察对象，调查项目为数学素养、科学素养、阅读理解能力素养、问题解决能力四个项目。
②	国际	国际教育效果评价学会（IEA）（2003 年）《国际教育动向调查（TIMSS）》	• 算术·数学掌握水平（25 国的小学中居第三位、46 国的中学中居第六位） • 认为"学习是一种乐趣"的学生的比率：中学数学 39%（调查各国平均为 65%）、中学理科 59%（调查各国平均为 77%）	以小学四年级学生与中学二年级学生为对象。调查科目为算术·数学与理科。
③	国内	国立教育政策研究所（2001 年）《中小学校教育课程实施状况调查》	• 认为理科学习很重要的学生的比率（小学五年级 39.6%→中学三年级 25.3%） • 喜欢理科学习的学生的比率（小学五年级 42%→中学三年级 25%）	以小学五年级至中学三年级学生为调查对象，共计参与调查人数为 16 000 人。

(续表)

顺序	种别	调查名称	结果概要	备注
④	国内	国立教育政策研究所（2002年）《高中教育课程实施状况调查》	• 喜欢所授教学科目的学生的比率（物理15.4%、化学11.9%、生物16.2%、地理16.3%） • 认为所授教学科目很重要的学生的比率（物理23%、化学13.5%、生物15.4%、地理11.33%）	调查对象为高中三年级学生，调查人数105,000人。

表4-2 日本社会中"疏远理科（理科離れ）"的现状

顺序	种别	调查名称	结果概要	备注
普通国民对于科学技术的关心及其理解程度的显示数据				
①	国际	OECD加盟国国民对于科学技术的关心程度（1996年）	• 对于科学技术的关心程度在全部14个国家中最低。	OECD 的 "Science and Technology in the Public Eye." 调查1,450人（日本）
②	国际	科学技术政策研究所（2001年）《关于科学技术的意识调查》	• 对于科学技术基础概念的理解度考查（共计11个判断题），答案的正确率为54%（参与调查的19国中排名13位）	美国（1999年）、欧盟（2001年）、欧盟候补成员国（2003年）所做调查的相同问卷。
③	国内	内阁府（2004年）《科学技术与社会的相关社会调查》	• 国民对科学技术的理解程度，青少年人群（不满30岁）尤其低下（58.1%→52.7%） • 支持科学技术发展的人数比率（59.3%） • 如果有机会的话想和科学技术研究者交流的人数：57%→50.7%	18岁以上男女为对象，共计调查3 000人。（1976年、1981年、1987年、1990年、1995年、1998年）实施。
其他				
①	国内	统计数理研究所（2003年）《国民性的研究第11次全国调查》	• "为了人类的幸福"一问中，"①顺从自然"、"②利用自然"、"③征服自然"。选项③在70年代被选择率长期低落，近年来选①人数减少、选②人数增加。	20岁以上、80岁以下男女，4 000人为调查对象。
②	国内	内阁府（2004年）《关于社会意识的社会调查》	• "日本应该大力发展的领域"一问中，选择"科学技术"比率14.8%（全部25个选择中第四位）。	20岁以上男女为对象，调查10,000人。

　　为了掌握国民对科学技术的关心程度、理解程度、态度等的现实状况，为同时制定《第3期科学技术基本计划》收集基础资料，文部科学省科学技术政策研究所于2001年2月至3月期间，居民基本登记册中抽样3 000名年龄在18～69岁间的男女普通国民为对象，进行了"科学技术意识调查"，此次调查采取调查员面访法，为便于国际比较，调查内容采用的是美国1999年公众科学素养调查问卷，即"国际调查共通10问"，具体如下：

1. 地球的中心温度很高。（正确）
2. 所有的辐射都是人为造成的。（错误）
3. 我们呼吸的氧气是植物释放出来的。（正确）
4. 孩子是男是女是由父亲的遗传基因决定的。（正确）
5. 激光是由音波集中而成的。（错误）
6. 电子的体积比原子小。（正确）
7. 抗生物质和细菌一样也杀病毒。（错误）
8. 几万年来大陆一直都在移动着，今后也一直会移动。（正确）
9. 现在的人类是由原始动物进化而成的。（正确）
10. 早期人类和恐龙在同时代出现。（错误）

调查结果显示见图4-2，关于日本国民对科学技术知识的了解程度，与有可比数据的欧盟、欧盟成员国、美国等国家相比，日本公众水平处于较低水平。对于这一结果，文部科学省认为，国民对科学技术的冷漠态度很大程度上影响了国民对科学技术的理解，进而影响国民科学技术素养的提高。日本文部省认为，如果这种状态放任不理，继续说科学技术创新立国将只是一句空话。这其中涉及中小学理科教育制度以及社会的风气状态之根本性的难题，是不能仅仅靠科学技术政策的调整来解决的。这需要全社会的共同协作和努力。

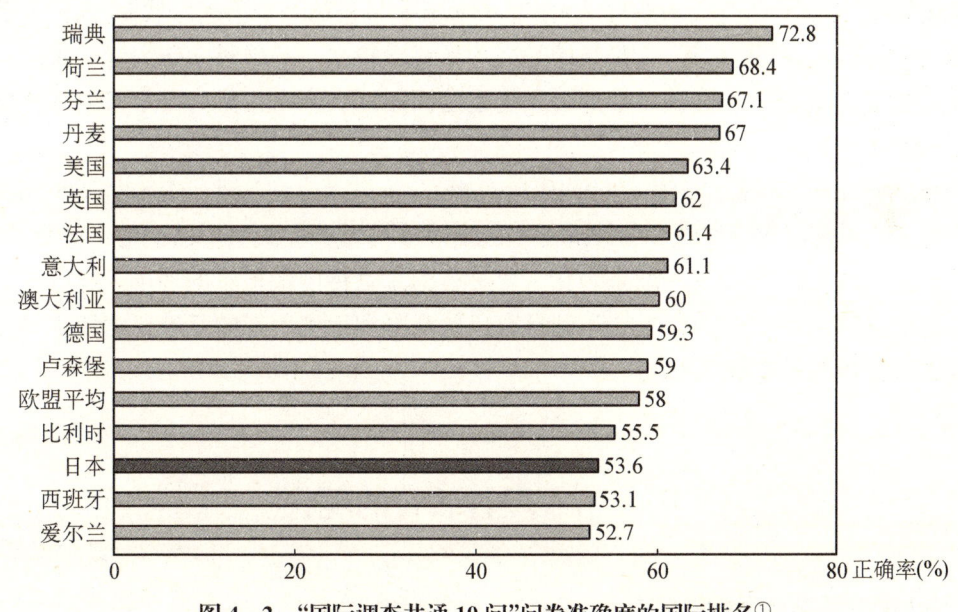

图4-2 "国际调查共通10问"问卷准确度的国际排名[①]

二、科学技术实用主义之弊端的显现

自然资源匮乏、国土面积狭小的日本要想维持社会的可持续发展就必须大力发展科

[①] 科学技术政策研究所. 日・米・英における国民の科学技術に関する意識の比較分析—インターネットを利用した比較調査—, 2011.

学技术。自1995年制定并颁布《科学技术基本法》之后,通过已经实施完毕的第1、2、3期《科学技术基本计划》,每年都投入了超过4兆日元的资金用于科学技术发展。这一政策使得大学和研究机构等的研究资金得以充足,确实使研究活动趋于活性化。

但是在另一方面,自从明治维新以来的"科学实用主义"这一关键词一直影响着科学研究的未来发展方向,这造成的结果是,在研究项目计划提案中,"只要进行研究就可立即推进实用化"的表现正趋于泛滥。

与"科学实用主义"的盛行相反,有关基础研究的科学领域却受到相当程度的冷落。由于缺乏稳定而基础性的研究费用支持,研究人员压力重重,每天过着辛苦忙碌的生活。为了进行研究,研究者们不得不依靠包括科学研究费用补助金在内的外部资金,而这些资金却都又要求1~3年的短线成果回报。期间长而且金额高的研究援助基本都偏重于应用性研究或者开发型研究,而不注重基础研究。获得研究资金的目的化和对于科学技术的力求快速投入应用,背离了科学技术的基本发展规律和科学界对社会的说明责任。

基础研究是追求自然、人类、社会的基本原理的创造性活动。在"科学"一词的广义范畴中有着具备实用价值或者能够用于技术研发的部分,也有着基础研究的部分。基础研究的部分是科学技术发展中相当重要和不可或缺的部分。"学术"和"艺术"一起形成了人类的"文化"。"基础科学"能够从根本上革新关于人类或社会方面的各种认知,是能够丰富人类智慧的"文化",是应用性科学能够顺利展开和推进的基本前提。然而,人们一般在提及"科学技术"一词的时候,大都指的是应用性科学技术。基础科学研究者必须将自己的研究成果用简单易懂、充满乐趣的形式传达给国民以及未来将成为科学家或者科学爱好者的孩子们。

科学研究的经费都是由国民的纳税所负担的,所以无论是基础研究人员还是应用性科学研究人员都有责任说明自己的研究,而且因为科学成果是人类"文化"的一部分,所以应该广泛地被人们共有,这些就是为什么要进行信息宣传的最根本的理由。还有一个更重要的理由是,必须使广大国民认识到具有广阔视野和衍生范围的基础科学和学术振兴以及实现振兴的人才培养问题。

第二节 理科教育的现状

一、新《学习指导要领》的颁布

进入新世纪以来,日本的学校理科教育越来越重视观察、实验等探究性学习活动方式的教学模式。2006年,文部省颁布了新的《学习指导要领》,强调要求教师在教学过程中注重培养学生"自己动手整理并考察观察实验的结果"同时"灵活运用已掌握的科学知识或概念来对于实验结果进行理解和说明"的能力。这样,在理科的学习过程中,中小学生的思考能力与表达能力得到锻炼与培养,从而提高作为未来之希望的青少年群体的科学素养。

新的《学习指导要领》是基于上文所提及一系列OECD对于日本学生理科学习状况

的调查结果为背景而编成的。其中明确提出了"培养学生灵活运用科学知识与概念的能力"这一观点,从"理科学习应该与社会与日常生活相联系"的认识角度来充实理科教学大纲的内容。

特别值得一提的是,新的《学习指导要领》中新增了一个教学内容:在初中的第三学年的理科学习中,"能源的利用""科学技术的发展与人类生活的密切关联""自然环境与科学技术"等课程由原来的"选修课"变为了"必修课",见表4-3。

表4-3　2006年文部科学省颁布《新学习指导要领》中指导内容实例

小学理科教学内容	
第三学年	物体与重量;对于身边大自然的观察
第四学年	骨骼与肌肉的运动
第五学年	云与天气变化的关系
第六学年	风能、水能等的利用;电器的利用;人体的主要器官;月亮的位置与形状,太阳的位置与形状;月球表面的情形
中学理科教学内容	
第一学年	力的延展性;质量与重量的区别
第二学年	电能;热能;元素周期表;生物的变迁与进化;日本气候的特征
第三学年	离子;遗传规律;DNA;全球变暖;外星人;科学技术与人

与此同时,文部省强调,必须确保学生拥有充足的用于自然观察、科学实验的时间。中小学的理科教育课时也有所增加。如小学理科(三年级至六年级的4年间)课时由350课时涨至405课时(增加16%);初中理科(3年期间)课时从290个课时涨至385个课时(增加33%)。

二、理科教师的科学素养现状

与此同时,长期以来"脱离理科"的社会风气也使得理科教师的科学素养水平有所下滑。从下表的调查结果中我们可以看到,对于理科指导力不从心的教师,小学中的比率约一半,中学中也不少。

表4-4　中小学教师对于理科教学的意识

小学教师:	
对于理科全部课程的指导,有"吃力"或者"较吃力"的感觉	50%
中学教师:	
《物理》教学内容的指导,有"吃力"或者"较吃力"的感觉	31%
《化学》教学内容的指导,有"吃力"或者"较吃力"的感觉	13%
《生物》教学内容的指导,有"吃力"或者"较吃力"的感觉	28%
《地理》教学内容的指导,有"吃力"或者"较吃力"的感觉	44%

资料来源:科学技术振兴机构・国立教育政策研究所「平成20年度小学校理科教育实态调查及び中学校理科教师实态调查に関する报告书」

针对这一现实问题,文部科学省下属的科学技术振兴机构采取了一系列措施,以提高中小学教师的理科教学资质,从理科的指导能力、自行研究的能力与教材的开发能力三大方面入手,举办各类教员研修活动与实践活动,全面提升中小学教师的科学素养以及与学生进行交流的能力。这些将在下文中专门介绍科学技术振兴机构的部分进行介绍。

第三节 公众理解科学模式的转变
(公众理解科学→公众参与科学)

对于之前在20世纪末在日本国推行的"公众对于科学技术的理解"理念及其相关科学技术活动,总是给人以"公众是一个空口袋,科学界的任务就是将科学知识直接灌输进口袋"[1]这样的印象。与此相关联,以往的科学家们只注重基于客观事实普遍真理的各种探究,而完全忽视考虑到自己所做的研究是否有应用于社会的价值及其涉及善恶判断的伦理。然而,如今的人们意识到,国家对于科学技术相关研究进行投资的目的就是为了应用、回报于社会,作为拿着来自国民纳税的税金作为研究预算进行科学研究的研究者们来说,应当考虑到自身研究对于社会的价值,国民有权了解科学家们所进行的研究,并且参与科学技术的研发并提出自己的意见[2]。因此,日本国公众理解科学模式产生了由"单向模型"向"双向模型"的变化,见表4-5。

表4-5 日本公众理解科学模型的变迁

	单向模型(20世纪末)	双向模型(21世纪)
基础理论依据	科学启蒙主义	传播理论及其社会学
知识的流通	单向	双向
科学与公众的角色	固定	流动(角色可相互转换)
科学技术被接受的方式	公众接受(Public Acceptance)	公众参与(Public Participation)
接受方式的判断基准	科学自身的合理性	科学适应于社会发展的合理性

如表4-5所示,日本如今科学素养培育的"双向模型"否定了之前科学知识仅仅是从"科学共同体"这一方流向"国民"的单向式无反馈、缺乏沟通的科学传播过程。"双向模型"是以一般国民与科学界的专业研究人员地位相等为前提的。那么为什么会发生这样的由"单向模型"向"双向模型"的变化呢?究其语境背景,我们会发现是当今社会,科学技术之间相互关系的变化造成了科学素养培育模式的变化,具体说来有四大方面。

第一方面,在科学技术发展的同时,由于科学技术本身的"双刃剑"特性及其某些科研人员社会责任的缺失所造成的社会性负面影响日益明显;

---

[1] 杉山滋郎.科学コミュニケーション.思想.973号,2005:69.
[2] 平田光司.科学における社会リテラシーとは.科学における社会リテラシー:総合研究大学院大学湘南レクチャー(2003)講義録1.総合研究大学院大学教育研究交流センター,2004:3~25.

第二方面,科学技术与人们日常生活的联系越来越紧密,产生了"科学技术与社会的交流互动"①的需求;

第三方面,当今时代是一个知识大爆炸的时代,科学技术的专业研究领域日益细化,某个研究领域的"专家",在其研究范围之外则是普通的"公众",因此可以说,"专家"与"公众"的角色是不固定的,某个人可以同时扮演本行专家与外行公众的角色;某个人在某个领域具有很高的科学素养并不意味着他在其他学科领域同样具有较高的科学素养;

第四方面,仅仅向广大国民单向灌输科学技术相关信息是不可行的,要想达到更好的科学传播效果,科学界应该从广大国民的可接受角度来考虑其传播方式。在当今"为了社会的科学、社会中的科学"的现实语境中,科学共同体应该邀请广大国民了解科学、参与科学。只有在双方进行互动交流的前提下才能更好地促进科学传播,提升国民的科学素养见图 4-3。

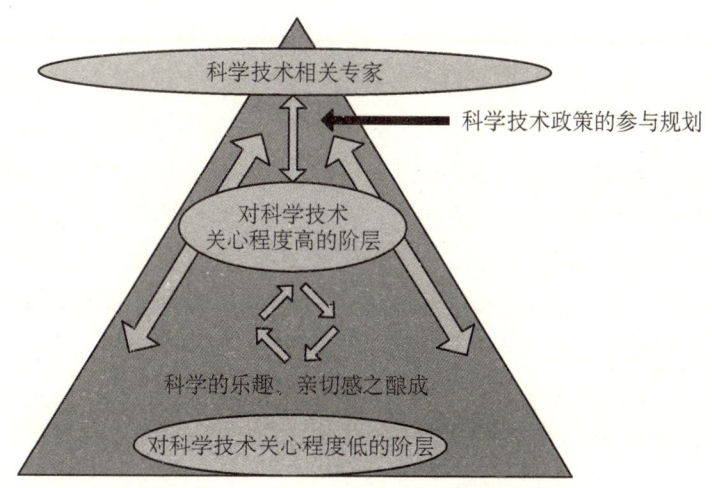

图 4-3 21 世纪日本国民理解科学结构图

资料来源:《科学技術コミュニケーション拡大への取り組みについて》(Discussion Paper No. 39)文部科学省科学技術政策研究所,页 15 改制

第四节 21 世纪日本科学传播事业发展战略

进入 21 世纪,日本在科技领域推出了一系列重大举措,不仅加大了对科技的投入,而且进一步加快了科技体制改革的步伐。国家高度重视国民科学素养的培育发展,并将此目标明确写入了历次的科学技术基本计划。与此同时,大力发展科技人才培养战略,特别注重作为科学技术与社会之间沟通桥梁的"科学传播员"的培养。

在英国,由于近年来疯牛病问题的产生以及尖端医疗所引发的一系列伦理问题,使得

---

① 佐倉統.科学技術コミュニケーションの現状と課題.情報学研究:東京大学大学院情報学環紀要,2005,69(3):223.

公众对于政府及其科学技术产生了不信任感,通过游行示威运动的方式,抗议科学技术的发展。根据此情况,英国议会上院的科学技术委员会在 2000 年公布了名为《科学与社会》(Science and Society)的报告书,倡导和呼吁科学技术研究人员与社会公众之间的双向的交流沟通。同年,英国的科学技术厅与 Welcome Trust 公司共同发表了《科学与公众》(Science and the Public:A Review of Science Communication and Public Attitudes to Science in Britain)的报告书。在此报告中,对于"科学传播"做了明确的定义[①]。其认为"科学传播"之概念包括科学共同体(包括大学、研究机构、企业等)内部组织之间、科学共同体与媒体之间、科学共同体与公众之间、科学共同体与政府或当权者之间、科学共同体与非政府权威机关之间、企业和公众之间、媒体(包括博物馆和科学馆等)与公众之间以及政府与公众之间的交流沟通。

科学传播是提高国民科学素养的手段,反过来讲,科学素养又是国民接受科学传播所传达讯息的必须基础。缺乏科学素养的人自然是无法理解科学技术相关信息的。因此可以说,科学传播的目的在于提高民众的科学素养,而与此同时,科学素养又是民众理解更高层次、更广领域科学知识的有力工具。日本积极引进了英国对于"科学传播"概念的定义并且将其本土化[②]。2003 年,以渡边政隆为首的文部科学省科学技术政策研究所第 2 调查小组进行了一系列关于加强科学传播活性化的调查分析[③]。研究表明,如今在日本学者使用"科学传播"一词时,更多侧重的是科学知识传播的过程和机制,多元、平等、开放、互动、媒体、科学家等主体进行科学传播的方式和手段,传播主体的多样和丰富性[④]。广义的科学传播主体应该是可以"担当科学技术专家和普通公众之间沟通桥梁"的人。这些在下文中均会有所讨论。

一、科学技术基本计划中的科学传播相关政策

自完成《第 1 期科学技术基本计划》(1996—2000)之后,日本的国情发生了很大变化,其金融增长、产业发展等方面的排名均由世界前几位跌至第 20 多位。但其科技实力(研究开发经费总额、研究人员数量、国际专利取得的数量等)却大大增强,跃居世界第二。因此,日本所提出"科学技术创新立国"战略,既反映了日本目前已具备了一定的创新能力,同时也反映了日本紧跟世界科技发展的大趋势。日本政府认为,今后只有实现科技创新,才能抢占更多的科技产业制高点,提高竞争力,提高日本的国际地位和影响力。2001 年是科学技术政策形成与实施体制改革的转折点。首先是作为制定日本科技政策的指挥部——以首相为首的综合科学技术会议的设立;其次则是《第 2 期科学技术基本计划》

---

① Office of Science and Technology and The Wellcome Trust:Science and the Public:A Review of Science Communication and Public Attitudes to Science in Britain. The Welcome Trust,2000.
② 渡边政隆.サイエンスコミュニケーションのコンテクストとしての科学リテラシー.学術の動向,2009(4):44~47.
③ 渡边政隆,今井宽.科学技術理解増進と科学コミュニケーションの活性化について(調査資料 100).文部科学省科学技術政策研究所,2003:51~53.
④ 国立教育政策研究所.科学技術リテラシー構築のための調査研究,2006.

(2001—2005)的正式启动。2002年是日本科技界最振奋的一年,日本科学家小柴昌俊和田中耕一分别获得诺贝尔物理学奖和化学奖,这充分证明了日本基础科学研究的水平和科学技术的实力。

《第2期科学技术基本计划》从2001年4月开始启动,其主要目标是创造并有效利用新的知识,提高产业国际竞争力,实施全社会的可持续发展。该期基本计划的核心内容是研究开发战略的重点化和科技体制的改革,战略重点放在生命科学、信息通讯、环境、纳米技术与材料、科学技术与社会的沟通交流以及科学技术的伦理与社会责任这六个方面。在2004年《科学技术白书》中,日本政府既强调科技是社会发展的动力,又强调科技对社会有正负两方面的影响[1]。为此,实施科技政策也必须构筑科技与社会的新关系。因此,作为该计划中基本理念之一的"科学技术与社会的新关系的构筑",阐明了在"为了社会的科学技术、社会之中的科学技术"[2]这一观点之下,要积极有效地创造科学技术与社会之间的互相的、双向的可供自由交流的平台;充实学校理科教育与社会科学教育,培养国民对于社会问题的科学的、合理的、主题的判断能力,并且科学技术有义务和责任将高度化、复杂化的科学技术相关信息情报用简单明了的语言将其提供给社会。

步入21世纪的日本面对着新的现状与新的挑战[3]。在《第2期科学技术基本计划》中,日本将"知识创新"作为科技政策的基本方向。其具体规定如下:

1) 通过知识的创新与灵活运用,成为对世界做出贡献的国家——新知识的创造;
2) 实现有国际竞争力并持续发展的国家——依靠知识创出活力;
3) 建立使国民安居乐业的国家——依靠知识创建富裕社会。

文部科学省认为,国民对科学技术的态度,很大程度上影响了国民对科学技术的理解,进而影响国民的科学技术素养。

这样一来,"科学技术和社会的新关系之构筑"就作为重要的政策课题被提出了。在这种状况之下,全体国民所共有的科学素养也就成为"科学技术与社会之间交流"这一目标所实现的基本前提。这里,从《科学技术社会论》[4]这一新兴学科的观点来说,"公众的科学技术的理解"与"公共政策课题的社会选择"这两个问题是科学素养的重要性备受关注的语境背景。

《第2期科学技术基本计划》中,针对社会发展所必需的国民科学素养提高的目标,突出了两点内容:首先,从事人文社会科学研究的学者们也要关心科学技术的发展,要就"科学技术与社会的关系"发表自己的一己之见,同时还肩负着将社会中国民对于科学技术发展的期望以及意见,提供给科学技术一方人员的任务,扮演着科学技术一侧与社会一侧交流、沟通桥梁的重要角色见图4-4。

---

[1] 文部科学省.《科学技术白书》,2004.18.
[2] 即上文中所提及的1999年世界科学会议宣言的精神。
[3] 中曾根康弘.日本二十一世纪的国家战略.海南出版社,2004.
[4] "科学技术社会论(STS: Science, Technology and Society)"是将科学技术与社会的相互关系进行科学社会角度的分析的研究领域。欧美从1970年开始盛行,日本学界是从2001年10月"科学技术社会论学会"设立为标志,开始关注此领域的。

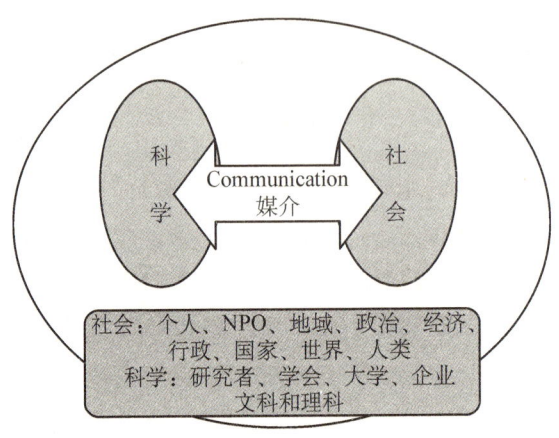

图 4-4 科学与社会的新关系

现今,日本国内的科学技术与社会之间关系的相关课题,还没有得到十分的重视,今后要从"为了社会的科学技术、社会中的科学技术"的视角来推进科学技术与人文社会科学的复合型学科的研究事业。其次,要投入足够的科学传播活动的启动资金,以促进国家及其公立研究机构中所进行的科学技术研究开发项目的社会公众了解程度;同时,广泛招募和大力培养科学传播员。

"为了社会的科学技术、社会中的科学技术",《第2期科学技术基本计划》中的这一观点表明了科学技术与社会的关系更加深化的目标,因此要确立科学技术与社会的交流,建立《关于科学技术活动与社会的沟通交流》以及《科学技术相关伦理与社会的责任》的制度,明确阐明"研究者负有向社会全体国民说明自己所进行的科学研究的责任"以及"科学与社会的双向的交流的必要性"。

2004年7月,文部科学省科学技术·学术审议会人材委员会发布题为《立足科学技术与社会视角之人才培养育成目标》的文件。其主要精神是,不光要培养生产知识的研究者和技术者,培养能够推动知识活用型社会发展的人才也是非常重要的。之后2005年7月,文部科学省召开了由有马朗人主持,以"科学技术理解增进政策"为议题的座谈会,此次会议随后发布了《以人人理解科学技术为目标》的报告书。提出,为了实现"为了社会的科学技术"的理想,要力求让国民觉得科学技术并不是冷冰冰、遥不可及的,要增加民众对于科学技术的亲切感,促进民众与科学技术界的互动对话,同时,策划日本国民中所有成人自身必须具备的科学素养的概念和框架。于是,仿效美国的"Science for All Americans"计划("2061"计划),日本学术会议提出了《科学技术的智慧》计划("2030"计划)。

2006年,《第3期科学技术基本计划(2006—2010)》正式开始。此次计划中明确提及,科学技术的使命不仅限于增加对经济的贡献,而是应以发展得到社会和国民支持,并能将成果惠及社会和国民的科学技术为目标。所以,日本的规划把"发展受到社会、国民支持,惠及广大公众的科学技术"作为其制订计划的两个基本立场之一。在其规划中强调:要加强将研发成果惠及国民和社会的努力,通俗易懂地宣传科学技术政策及其成果,以此获得国民的理解和支持①。通过这些措施,提高国民每年对科技的关注度,与国民共同推进科学技术。由此可见,日本已经把科学技术的社会化演变为一种理念和意识,在中长期规划的制定中无处不在②。

在这次科学技术基本计划中,首次将《为社会·国民所支持的、成果回报社会的科学技术》作为单独的一个章节加以着重阐述,这是第1、2期计划中所没有的。除了继续强调科学技术与社会双向交流的重要性,还提出了"强化关于'国民作为参与科学技术活动主体'政策"这一新方向。从此以后,政府不再是仅仅倡导国民对于科学技术的单方向的理解,而是在大力发展科学技术的同时,寻求国民对于科学技术发展的信赖和支持,扩展双向交流活动的层面。为了达到此目标,在该期科学技术基本计划中以"为社会·国民所支持的、成果回报社会的科学技术"为中心所拟定的相关议题有:

Ⅰ. 相关人才培养、育成、活跃的促进:对于社会所需要的人才(科学技术传播者)的培养;对于怀有求知的好奇心的儿童的培养;对于高智商少年儿童的个性与能力的开发等。

Ⅱ. 科学技术界对于科学技术发展所带来的有关伦理、法规方面的问题进行阐释和解答的责任:首先,对于人人都关心的克隆技术的生命伦理问题、转基因食品的安全性、个人隐私的不法利用等进行解答;其次,制定与科学技术社会化进程的相关规则。

Ⅲ. 关于科学技术的说明责任及其信息传播的强化:1)研究者用简单、明确的语言对国民说明其科学技术研究成果对于社会的价值;2)研究者要经常参加大型科学技术展、国民互动座谈会等活动;3)要加强各大科学学会或协会等团体的政策提言机能。

Ⅳ. 培养全体国民的科学技术相关意识:科学技术素养概念的策定、普及等。

Ⅴ. 促进国民主动了解科学技术的发展并积极主动地"参与"进去,实现"公众了解科学"到"公众参与科学"的转变。科学技术界应该将研究开发课题等的基本计划进行社会公开,民众有权利自由发表对其的意见。

2011年8月正式公布的《第4期科学技术基本计划》中明确提出了推进国民科学素养提升、促进科学传播的新政策的实施。政府通过积极的企划立案及其推进来促进国民对于科学技术的参与。无论是科学技术、创新政策的相关课题,还是社会所迫切需要的科学技术成果造福于社会的课题,都要积极营造广大国民参与讨论并给予建议的言论空间。并且要想积极有效地推进科学技术相关传播活动,研究人员应该用通俗易懂的语言来描述他们自己的研究。这是对于《第3期科学技术基本计划》的进一步扩展和延伸。

二、政府的其他相关科技政策

进入21世纪,日本政府先后确立了科学技术创新立国、生物技术立国、知识产权立国三大战略。以此三大战略为标志,日本科学技术创造立国战略的内涵更为完善和丰富

---

① 科学技术学术审议会基本计画特别委员会.我が国の中長期を展望した科学技術の総合戦略に向けて,2009.
② 科学技术史研究会.日本の科学技術政策史.未踏科学技術協会,1990.

了[①]。在对于国民科学素养培育方面我们可以清楚看出现今科学技术政策的两大特点：首先，政府对于科学传播与普及的拨款力度加大；其次，政府对于科学传播员的大力培养是当今任务的重中之重。

（一）政府预算及其科研经费

从 2002 年开始，日本政府对于科技发展相关的预算大幅增加。充分表现了日本对科技事业发展的重视。并且值得注意的是，科技领域的预算很明显向重大项目以及重点领域倾斜，突出了政府在科学技术创新建设以及对地域科技振兴的责任和作用；与此同时，政府对于科技的投入、管理也更为集中，各大部门的分工和责任也日趋明确。

在 21 世纪的日本，虽然政府的各个部门，甚至国会都掌握着一定数额的科研经费，但主要的科技经费的拨款渠道还是由文部科学省掌管，其所管经费占整个国家科技预算的 64%；其次为经济产业省，占 17.7%，主要用于技术成果到产业化之间过渡阶段的研究。从各部门科技预算分布来看，日本政府各部门在职能分工方面比较明确，政府的科技投入主要用于基础研究和科研环境建设。主要表现在：首先，基础研究以及"大科学"项目的预算得到较大增长；其次，重点战略领域的科技预算显著增加。日本将"生命科学""信息通信""环境""纳米材料"等 4 个领域定为 21 世纪重点领域，继美国"9·11 事件"之后，又将"防灾"列为重点战略领域。

为充分用好科技振兴调整费，《从第 2 期科学技术基本计划》起分阶段停止原有的经费计划，新设立 6 类计划。这 6 类计划在 2002 年总预算为 93.1 亿日元，分别是：培育战略性研究基地计划、任期制青年研究员计划、科技政策建议计划、推进先导性研究计划、培养新兴领域人才计划、确保国际性领先计划。特别会计是为结构改革等特定的事业而专设的资金，作为匹配经费主要用于重点科技领域和重大项目。与此同时，文部科学省还强化竞争机制，以公开招标方式选定的课题提供研究经费，在日本称为"竞争性资金"。文部科学省的竞争性资金主要有两种：一种是"科学研究费补助金"，另一种是"科学技术振兴调整费"。前者主要用于大学研究人员基于自由创意的基础研究，后者着重支持按照国家和社会需要而指定的大型课题的相关基础性研究。21 世纪以来日本"科学研究费补助金""战略创新研究"以及"科学振兴调整费"等竞争性预算都有较大幅度的增加。其中，科学研究补助金增长 7.8%，达到 1 703 亿日元；战略创新研究事业费增长 3.6%，达到 499 亿日元；科学振兴调整费增长 6.9%，达到 365 亿日元。2000—2003 年日本竞争性研发资金，已从 2 968 亿日元增至 3 751.76 日元，3 年增长 26.4%，年均增长率为 8.1%[②]。

日本的国民科学素养普及事业正是在上述诸项经费的支持下顺利进行的。例如，调查日本国内外科学与社会互动学习相关动向的 2011 年《科学与社会可能性·学习》的成果报告书、2003 年科学技术政策研究所的《关于科学技术理解增进与科学传播的活性化》调查资料等研究工作正是受到了文部科学省科学研究费补助金（创新基础研究费）的支持；而下文即将提及的在日本科学素养培育史中具有划时代意义的日本学术会议之《科学

[①] 崔万有,季风.日本科学技术创造立国战略对我国的启示.高科技与产业化,2007(3)：93.
[②] 文部科学省.《科学技术白书》,2004：249.

技术的智慧》计划也是在文部科学省科学振兴调整费的资助之下而顺利完成的。

（二）科技传播人才战略

21世纪中的人力资源开发的重要性远远超过了任何物质性资源的开发。实施科技人才战略已成为近年日本科技政策的主要特点之一。《第2期科技基本计划》强调了加强基础研究的重要性和决心，提出要在2050年前培养出30个诺贝尔奖获得者。因此，文部科学省2002年的预算中对于科技人才培育和开发的投资以比整个科学技术预算略高的水平增长。在新的形势之下，日本在世界各国中率先树立了新的科技人才观。2003年的文部科学省《科学技术白书》明确提出了日本科技人才的"概念图"，指出为实现"科学技术创造立国"总体目标，今后要培养和吸引五方面科技人才，其分别是"专业技术人才""经营管理人才""科技成果社会化人才""科技普及人才"与"技能型人才"。按照"概念图"的提法，科技人才至少包括研究人员、研究辅助人员、技术人员、研究评价人员、经营管理人员、有鉴定能力的人员、知识产权相关人员、创业援助人员、研究事务人员等人，形成全方位、多层次的科技人才队伍[①]。

为了彻底贯彻和实施科技人才战略，日本采取了一系列政策措施：

首先，建立人才成长机制。如广泛普及任期制，加强人才流动；重视对于青年研究人员的培养，开拓人才活用和多样化发展途径等。2003年初国立研究机构已有29家，585名研究人员施行任期制。有65所国立大学的3546名教员施行任期制。

其次，加强创新人才培养：如改革教育制度，推进大学尤其是研究生院建设；培养经济社会急需的科技人才；面向世界吸引国外优秀科技人才等。到2003年，在全日本国立、公立与私立共计686所大学中，有531所设立了研究生院，研究生人数达23万人。

再次，推进人才结构调整、积极充实研究人员队伍；扩大女性研究人员比率；同时重视已退休的老年人才群体的返聘，充分利用其智力资源。2000年至2002年间，尽管日本在职科研人员减少近5万人，可是研究人员所占比率却增加3.3个百分点。相反，研究辅助人员、技术人员、研究事务人员所占比率，分别下降1.2%、1.4%与0.6%[②]。

2005年受文部科学省科学技术振兴调整费资助的"新兴专业人才培养领域"之一的"自然科学与人文社会科学的融合领域"中，强调了培养科学传播员（日语：科学コミュニケーター）的重要性。如今，以科学技术与社会的融合为目的的科学传播活动在全国各地广泛开展，科学传播员是必不可少的沟通民众与科学技术之间的桥梁和媒介，科学传播员自身的科学素养直接影响着向民众传达科学知识与信息的效果的好坏，所以，大力培养科学传播员，提升他们自身的科学素养势在必行。在日本，"科学传播员"的概念包括以下几种人群：

1）科学馆与博物馆的工作人员（如：讲解员、实验演示人员等）。

2）科学技术教育相关人员（学校的理科教育、社会的科学教育）、科学图书部门的图书馆管理员。

[①] 文部科学省.《科学技术白书》，2003：9～13.
[②] 文部科学省.《科学技术白书》，2003：389.

3）科学技术相关的行政机关、大学、研究机构、企业等的研究企划、宣传、CSR[①]负责人。

4）科学技术新闻报道相关人员（科学新闻记者、科学新闻评论员等）。

5）电视、广播、网络的科学节目制作人、科学杂志的编辑者、科普作家。

6）各都、府、县的理科实验教室、以市民为服务对象的科学技术咨询室（science shop）以及模仿欧洲所设立的科学咖啡馆（science cafe）等科学技术相关活动的志愿者们。

7）以提高国民科学素养为目标而进行科学传播的NPO非营利独立机构活动法人。

如上文所提及的，自2005年起，作为文部科学省科学技术振兴调整费所重点培植的课题解决型研究之一[②]，为了培养具有丰富的科学技术相关知识的科学传播员为目的的科学传播员培养事业正式开始。被文部科学省所选择成为培养基地的三所大学——北海道大学、早稻田大学与东京大学获得名为"新兴专业人才培养单元"的援助，各自在本校的研究生院内开设了科学传播员培养相关讲座（课题的实施期间为2005年至2009年的五年间）。此课题于2009年完成之后，文部科学省进行了此项科学技术振兴调整费项目实施课题的事后评价。在北海道大学所进行的调查表明，大多数参与此次培训讲座的学生继续着以科学技术传播人员的身份参与社会中的实践活动；并且学校内新设了与2009年已经结束的"科学传播员培养讲座"相同功能的活动单元，对于科学传播员的培养仍在继续；在东京大学所进行的调查表明，通过此次项目对于科学技术诠释者这一新型人才之塑造的启发，学校自身内部开发了以科学技术与社会为专题的人才培养计划；在早稻田大学所进行的调查表明，受此次项目影响，在早大的全国最为历史悠久的新闻学院中，确立了系统体系的教学课程大纲以培养"文理融合的新型科学记者"。因此可以说，"科学传播员培养计划"不但大获成功，而且对大学的人才培养活动也带来了有益启示和产生了深远影响。

为了响应时代的需要，不仅仅是在东京大学、北海道大学和早稻田大学，在日本全国各地的很多大学都相继开设了以培养具有丰富的科学技术相关知识与良好的沟通交流能力为目标的人才培养项目。"东京工业大学开设了《科学技术传播论》的课程；名古屋大学展开了"科学传播培养事业"；2005年4月，大阪大学开设了科学传播设计中心（CSCD）、同时还设立了以普通市民为服务对象的科学咨询处、科学咖啡馆、哲学咖啡馆、以科学技术交流和纠纷解决为目的的专题讨论会、中小学教育中理科教育教案的设计与实践（阪大科学教室）等[③]。

要想使得国民喜欢并且亲近科学技术，"社会—国民—科学技术研究者"之间担当沟通桥梁作用的角色是必不可少的，作为担当此重要职能的，上述之科学传播员的活跃被全社会所期待。至今在日本，不光在大学有培养科学传播员的专门讲座，科学馆、博物馆等也相继开设了面向全体国民的科学传播员培养讲座，不管是谁，不管所做的是何种工作，

[①] Corporate Social Responsibility，简称CSR，企业的社会责任。
[②] アウトリーチ活動本格化.科学新聞，2004-12-17.
[③] 「コミュニケーションデザイン・センター設立趣旨」〈http://www.osaka-u.ac.jp/jp/saishin/ponchi.pdf〉.

只要热爱科学技术,对科学技术的传播有着浓厚兴趣的人,就有资格参加培训。

这里以日本科学未来馆为例。未来馆是日本首个(2003年)设立"科学传播员培养讲座"的机构,旨在培养能够在未来馆内举办的各种科学技术展览,及其他各类科学技术相关传播活动中担当科学传播职能的训练有素的人员。培训结束后,经过考核,合格的科学传播员和未来馆签订为期五年的有期雇用合同,在此期间,不仅从事于前沿的科学技术研究动向的调查,展览活动的解说与实际操作演示、展览物、活动、新闻发布等的企划与制作,还进行日本国内外科学传播从事人员的互动交流、网站建设等各种工作。据统计,接受未来馆"科学传播员培训讲座"的人群中,大约一半的人在之后会在研究机构、科学馆、博物馆等场所从事与科学传播有关的工作,如图4-5。与此同时,从2005年起,未来馆还专门设立以中小学理科教师、大学、研究机构、企业中的研究者及其宣传工作担当人员、科学馆与博物馆的职员为受众群体的"科学传播员研修计划",以充实的科学传播相关活动的实践来提高其自身素养,加强其科学传播能力。

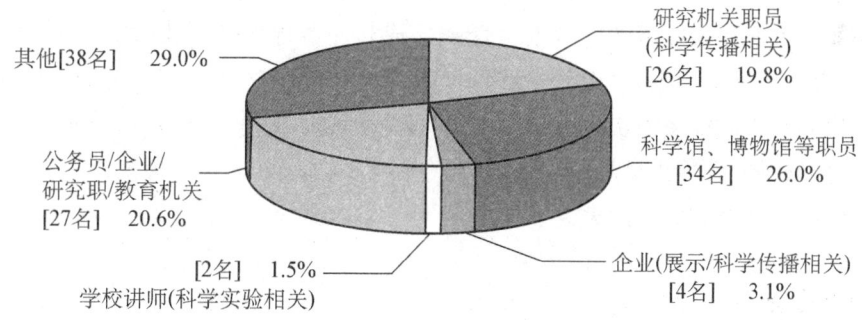

图4-5 日本科学未来馆培养的科学传播员之进路

资料来源:日本科学未来馆2010年3月

以未来馆为榜样,日本国立科学博物馆从2006年起,以培养能够在社会中作为科学与国民沟通桥梁的人才为目标,针对来自各个大学的在读研究生(硕士、博士)为对象,开设了"科学传播员培育实践讲座"。

仅2010年一年间,在国立科学博物馆担任各类展览中解说活动的科学传播志愿者工作的就达352人,而在未来馆担当志愿者工作的人数更是高达704人。他们从社会和广大国民的视角,向广大国民传播与先端科学技术相关的知识与信息,起到了科学技术与社会沟通的重要作用。

第五章

全盛时期的21世纪："科学技术与社会"（下）

第一节 《科学技术的智慧》计划

近年来，全球温室效应、粮食危机、天然资源与能源问题等与人类生活息息相关的基础问题日益迫切。日本学术会议在本世纪初先后发表了《全球因气候变迁之各国学术会议共同声明》《能源的永续可能性及安全保障》《成长与责任——永续可能性、能源效率及气候维护》等一系列声明书，力求营造绿色低碳的可持续发展社会。学者们一致认为，要想改善危机、解决问题，从而实现可持续发展，就需要全体国民了解科学，对科学技术具有共识，共同向诸种问题提出挑战；只有重视对于科学、数学、技术等基础知识及其基本技能掌握学习的社会才会有美好的未来。

一、计划委员会

日本学术会议在2003年召开的第19次会议上，决定成立"青少年脱离理科问题特别委员会"（后改名为"青少年科学力增进特别委员会"），由当时任职于国际基督教大学（现任职于东京理科大学）的北原和夫教授担任委员长。在这次会议上，日本国内外的众多科学研究者及其教育工作者对于年轻人的脱离理科问题的原因及其解决方法进行了热烈讨论和深入探析，最后得出的结论是，需要构建出全体国民应具有的科学技术知识的具体框架；设定包含学校理科教育与社会大众教育在内的"全社会综合性科学教育"的总体目标，同时基于此目标来进一步推动理科教育改革和社会中的科学传播活动。2004年4月20日，日本学术会议发布了《与社会对话》之声明，其主要内容为：提高全体国民的科学素养是建设可持续发展社会的必备条件。如果没有科学家与社会的互动与合作，任何科学研究将无法在人类社会中进行。科学家应该与社会进行积极对话，特别是与作为人类未来希望之栋梁的青少年进行对话，这对于激发他们的科学兴趣、培养其科学理想至关重要[①]。

为了使得国民科学素养培养计划更加具有针对性，日本学术会议青少年科学力增进特别委员会于2005年利用文部科学省专项拨款的科学技术振兴调整费，开展了《面向科

---

① 次世代の科学力を育てるために.东京：日本学术会议·若者の科学力增进特别委员会，2005.

学技术素养建设的调查研究》项目计划,其主要内容是:

1. 对于日本本国及其海外各国的现行科学素养的研究现状进行分析;
2. 以科学技术研究者、科学传播员以及产业界人士为对象进行问卷设计调查,广泛征集其意见;
3. 重点对美国的科学素养构筑进行研究分析;
4. 论证即将进行的日本国科学素养概念及其框架的构筑之意义。

该计划是《科学技术的智慧》计划开始的标志。

《面向科学技术素养建设的调查研究》项目组由三个具体执行"小分队"(见表5-1)配合完成不同的三项子课题:国立教育政策研究所负责对于日本往年科学素养研究相关的文献进行穷尽性调查与统计;御茶水女子大学则负责设计问卷,广泛进行社会意见调查并进行调查得到数据的分析统计;国际基督教大学负责统帅全局,在吸收以上两项工作的调查成果的基础上,拟定《科学技术的智慧》计划所需要的科学素养研究的相关组织架构。最后,将三项子课题进行有机整合,完成调查报告。通过此项研究所掌握到的大量文献资料与第一手的调查统计数据为之后《科学技术的智慧》计划的顺利开展奠定了坚实的基础。

表5-1 《面向科学技术素养建设的调查研究》项目组结构图

项目	项 目 内 容
子课题1	关于科学素养构筑的相关基础研究・关于基础文献的调查 子课题研究代表者:长崎荣三(国立教育政策研究所)
子课题2	科学传播员以及产业界等对于国民科学素养相关意见的集中・分类调查 子课题研究代表者:服田昌之(御茶水女子大学)
子课题3	基于子课题1、2的调查结果,进行关于科学技术概念的策定相关分析 研究代表者:北原和夫(国际基督教大学)

《科学技术的智慧》计划的口号为"Science for All Japanese"。显然,该口号借鉴了美国科学促进会(AAAS)那部举世闻名的《Science for All Americans》。1989年发行的《Science for All Americans》指出了所有的美国国民应该掌握的科学素养的内容,是美国"2061计划"(直到下一次哈雷彗星到来的2061年为止,提高全体美国国民的科学素养水平)开始的标志,发行至今已二十多年之久。其间世界已然发生巨大的变化,各领域科学技术,尤其是信息通信领域技术迅速发展,人们的全球一体化概念日益加深。与此同时,日本与美国本来在科学技术领域的发展就有着历史上的差异和文化背景上的不同。日本传统科学一直以来都有着自身独特的优势,如倡导节能、力求不破坏自然环境;重视艺术、技术与生活的有机融合等。日本"年轻人科学力增进特别委员会"经过对于借鉴美国的成功经验、同时发展具有本国自身特色"Science for All Japanese"可能性的认真考虑,认为应该在扎根于传统文化及其宗教、习俗的自然观的综合感性认识中探索本国21世纪的"智慧";为了超越传统学问的界限使得全社会人人拥有科学技术的基础素养,以达成可持续发展的民主社会。

北原和夫指出,如果要构筑日本国民科学素养的框架,首先要考虑三个方面的问题:

首先,国民科学素养框架的构筑的目标方针及其机能如何?回答:国民的科学素养框架应该不仅用于学校理科教学课程大纲拟定的参考与准则,而且还广泛用于博物馆、科学馆等开展科学传播与普及相关活动的指针;

其次,如何使得国民提高对于科学技术的理解程度和关心程度?回答:通过对于科学技术整体框架的展示,使得国民明了他们所应该掌握的基本知识;

再次,科学研究人员、教育界的人员、政界官员、产业界应该联合起来,共同为了国民科学素养的整体提升而努力。

其后,2006~2007年间,青少年科学力增进特别委员会继续进行了"关于日本人应该掌握的科学技术的基础素养的调查研究",经过分析和评估,勾勒出了关于日本人应该掌握的科学素养的大体框架内容。委员会认为:

首先,全体国民掌握的科学素养应该是全面的、无偏颇的,应该广泛涉及各个科学领域和学问体系,同时还要立足于日本的科学技术的现状、传统、感性、文化;

其次,民众掌握的科学素养应该是以人类和人类社会为核心所形成的科学技术的智慧,要让民众认识到科学技术在现代社会中的意义及其科学技术对人类的意义;

再次,各学科领域的科学技术的智慧不是将科学技术知识收集而成的百科辞典那样孤立而零碎的知识,而是相互有关联的一个有机整体。

达成以上共识之后,2006~2007年期间从各个科学研究领域汇集了约150名成员,《科学技术的智慧》计划全面启动。

二、组织机构

《科学技术的智慧》计划以北原和夫担任委员长的企划推进会议为最高核心,下设同行评议会(东京大学前校长、前文部大臣有马朗人任会长)、宣传部会(科学技术政策研究所上席研究官渡边政隆为会长)、事务局(由国际基督教大学、国立教育政策研究所以及日本学术会议组成,其中以北原和夫所在的国际基督教大学为中心机构。国立教育政策研究所的综合研究官长崎荣三任事务局长)以及专业部会四大执行机构,见图5-1。

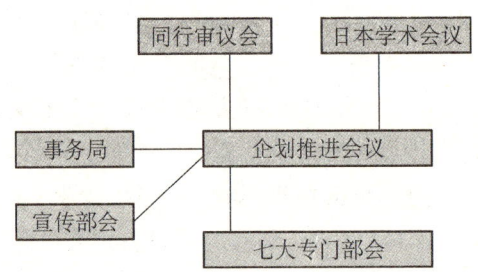

图5-1 《科学技术的智慧》计划的组织机构

专业部会下设七个不同学科领域的专业部会,各专业部会由10~15人左右的科学家、研究者、研发人员、记者、官员等组成。其理念是:跨越学术的藩篱,在日本的历史及现况的基础上,由多领域的科学研究相关人员共同努力,明确在科学教育方面应该传达什么样的信息与内容给予全社会,即"全体国民究竟需要怎样的科学素养?"

《科学技术的智慧》计划的七大专业部会分别是:数理科学部会(名古屋大学大学院数理科学研究科浪川幸彦教授任部会长)、生命科学部会(放送大学星元纪教授任部会长)、物质科学部会(日本大学大学院综合科学研究科岩村秀教授任部会长)、信息学部会(早稻田大学理工学术院筧捷彦教授任部会长)、宇宙·地球·环境科学部会(元宇宙科学研究所,综合研究大学院大学理事西田笃弘任部会长)、人类科学·社会科学部会(东京大学大学院综合文化研究科长谷川寿一教授任部会长)以及技术部会(政策研究大学院大学大学院政策研究科丹羽富士雄教授任部会长)。

三、成果报告

如上文所述,在《科学技术的智慧》计划项目组撰写报告书的时候,并不是一开始就写总论,来研究智慧的整体;而是先根据不同的学科领域,分为七大部会,由各部会的成员来进行各自领域基础素养知识的筛选。

知识筛选的主要标准是:不拘泥于传统的科学教材与学术领域,而是鼓励从可持续发展、向人类所遇到的世界性课题与战略危机挑战的视角来探究关键性概念及其相关理论,筛选所有日本人应该共有的科学技术的基础素养如表5-2。

表5-2 七大部会的专业领域报告①及其相关研究内容

七大部会	主要内容	具体章节
数理科学部会	认知及沟通之人类基本精神活动的领域,其口号为"市民的数学"	(1)数学的抽象化与模式化(从欧几里得到黎曼) (2)"数量""图形""数据与确实性" (3)数学与语言 (4)数学与人类的关系
生命科学部会	生命的本质	(1)前言:何为生存 (2)生命的世界 (3)生物中的人类 (4)生命的伦理
物质科学部会	物质的起源以及物质的变化与转化	(1)何为物质 (2)自然现象 (3)自然物质与人工物质 (4)物质与生活 (5)物质与能量 (6)观察、测定与模式化
信息学部会	为当今时代带来巨大变革之信息革命相关的科学技术领域	(1)信息学相关科技特质 (2)信息学相关科技原理 (3)信息学相关科技架构 (4)数位及计算的技术影响 (5)社会中的数位及计算 (6)为何需要信息学素养
宇宙·地球·环境科学部会	我们身处的自然环境相关之领域	(1)宇宙、地球与环境科学 (2)气象、气候及海洋 (3)神奇的星球——地球 (4)太阳系与宇宙

---

① 北原和夫.「科学技术の智」各专门部会报告书. 东京:「科学技术の智」プロジェクト,2010.

(续表)

七大部会	主要内容	具体章节
人类科学·社会科学部会	将人类行动、社会现象进行科学的分析说明	(1) 科学的本质与学习科学的意义 (2) "人"的科学　(3) 人类社会
技术部会	生活中的技术以及相关技术知识、使用技术的方法论以及活用技术的能力素养	(1) 何为技术素养　(2) 技术的本质 (3) 技术用语　(4) 技术实践 (5) 对未来技术社会的展望

要想以科学的态度和精神来观察人类及其社会现象,解决社会中出现的棘手问题,必须依靠文理科融合来解决,从全球及人类的历史的广阔视角来思考社会、经济、政治、伦理的起源,提出以科学性思考架构来讨论我们的存在是怎样的问题。这对于今后持续发展的社会和环境建设来说,至关重要。如表5-2所示,《科学技术的智慧》计划总结出来的21世纪人人必须掌握的"科学技术的智慧"中,最鲜明的特色是特设"人类科学·社会科学部会",这成功实现了文理科的交叉融合、强调了科学技术与人文精神的和谐与统一,这是本计划的特征①。

基于通过大约一年的讨论及其研究所总结而成的各部会的专业报告,最后统一整合制定成为《〈科学技术的智慧〉计划综合报告书》②。在进行综合的整合制定的时候,七大部会的各研究领域的全体人员都参与其中,通过全体讨论确定《综合报告书》的内容,这样的工作反复地进行。也就是说,总结各大领域的《专门部会报告》以及最后整合的《综合报告书》的工作本身就是超越各种研究领域的联合作业。

四、意义与成果

总的来说,《科学技术的智慧》计划具有如下特征。

《科学技术的智慧》计划综合报告书中,详细阐明了作为对现代的科学技术具有非常之重要意义的从历时角度对人类科学的理解、信息处理革命、作为分子操作技术的纳米技术、生命科学与生物技术、宇宙模型的确定、对地球环境的科学理解等内容。

另外,为了演绎贯穿科学技术整体的"共通、联合"之概念,还阐述了站在综合视角上的科学技术的选择性、多样性和同样性及其科学和技术对于人类社会的综合贡献。下表5-3以《科学技术的智慧》计划各部会报告书中探讨的自然界的"水"之概念为例来说明其各部会的"共通、联合"之理念。

由此可见,《科学技术的智慧》计划不仅着眼于国民对于现阶段的科学技术了解的程度,还放眼于可持续发展的将来社会中所必需的科学技术相关基本知识的储备。同时,各专业部会的有机联系构成了科学素养构筑的坚实基础。

---

① 北原和夫,等. 21世紀を豊かに生きるための「科学技術の智」. 东京:日本学术会议·科学力增进分科会,2008.
② 北原和夫,等.「科学技術の智」综合报告书(订正版). 东京:「科学技術の智」プロジェクト,2010.

表 5-3　贯穿于各部会报告书中"水"之概念

所属专业部会	主题	内容
人类科学·社会科学部会	人们的日常生活与水（生活用水、农业用水、产业用水、水的供给）	水是人类的宝贵资源。水不仅用于饮用，还用于农业与工业生产。随着近年来生活水平的提高与产业的高度发展，对淡水的需求量越来越大，世界中人类对于水的需求量已逼近淡水资源的限界，淡水问题是21世纪的很大课题。
生命科学部会	生命与水（水的必要性；水的生理作用）	人类需要通过摄取水分来维持生命；生命的起源来自于海中；绿色植物以水与二氧化碳为材料，利用太阳能进行光合作用释放出碳水化合物与氧。
宇宙·地球·环境科学部会	环境与水（自然环境与人类活动）	人类对自然环境造成的破坏是不可逆的，工业污水与生活污水是当今水质污染的主要原因。日本的传统农业以水田为主，水田里栖息的多种生物能够起到水质净化的作用。但是，肥料的使用又造成了水体污染。
	地球与水（水循环与环境变化）	水以固体、气体、液体的不同物理性质的形式在自然界一刻不停地循环着。海水的循环过程中大气与海水温度的异常变动形成厄尔尼诺现象；月球与地球之间的万有引力引起了周期性的潮汐。
物质科学部会	水的性质	水有固液气三种状态；水的冰点是摄氏0度、沸点是摄氏100度；1升水的重量是1千克；冰的密度比水小；人体内的水运输氧和营养成分至毛细血管的末端；水分子由一个氧原子和两个氢原子构成。
	静水压	水在流体状态下的重力产生水压。水越深水压越大。

《科学技术的智慧》计划又称为"2030计划"。其含义为，《科学技术的智慧》计划综合报告书首次出版发行的2008年间出生的日本儿童，到了2030年都已长大成人。希望那个时代的社会是每个年轻人都具有"科学技术的智慧"的可持续发展理想化社会[①]。为了更好更快地落实"科学技术的智慧"，需要推进运动的同时，及时总结其经验得失，以进行与时俱进的不断改善、深化与补充。

《科学技术的智慧》计划不是机械地以把现在的一套学问体系原样转移到教育现场为目的，而是设想将在今后出生、成长的一代人都变成成年人的2030年日本应有的状态。说到底，《科学技术的智慧》计划试图解决了这样一个问题，那就是"为了实现全体国民超越职业、年龄、研究领域等的一切差别，共同致力于解决世界性课题与建设可持续发展的社会，必须共有怎样的科学技术的智慧？"这不仅仅是日本的问题，也是中国及其他各国的科学技术研究者所应该共同思考的问题。

---

① 北原和夫.「科学技術の智」プロジェクトの目指すもの[J].学术の动向，2009(4)：8～13.

第二节 国民科学素养培育的最强动力
——科学技术振兴机构(JST)

一、JST 的概况

科学技术振兴机构(Japan Science and Technology Agency,以下简称 JST)是根据日本《独立行政法人科学技术振兴机构法》成立的独立行政法人组织,隶属于文部科学省。

JST 是日本的国立科技中介组织,也是最重要的科技信息机构[①]。JST 以"科技创新立国"为目标,是日本国资助基础研究、执行国家科学技术基本计划的具体实施中心。

JST 至今已有五十多年的历史,见图 5-2。其历史可以一直追溯至二战结束以后,日本政府为了振兴本国的经济、促进科学技术的发展与普及传播,于 1957 年 8 月成立了日本科学技术信息中心;后又于 1961 年 7 月成立了新技术事业团。1996 年 9 月,日本科学技术信息中心和新技术事业团合并,更名为特殊法人日本科学技术振兴事业团,当时隶属于科学技术厅。2003 年 10 月,特殊法人日本科学技术振兴事业团更名为独立行政法人科学技术振兴机构,隶属于文部科学省。

图 5-2 JST 的发展历程

作为国立的科技组织,JST 的经费来源主要为政府的拨款,历年经费总额不断增加,可见日本政府对其重视,见图 5-3。JST 的经费主要用于包括执行政府科技政策以及服务国家战略决策的相关活动。

在如今的日本第二期中期计划(2007 年 4 月至 2012 年 3 月)中,JST 的重点发展领域为:创新型研究(课题解决型基础研究)、新技术的产业化开发、科学技术信息的流通促进、国际科学技术研究合作的推进与援助、科技知识的传播以及国民对其关心程度、理解力的增进等方面任务,见图 5-4。

---

① 中国科学技术协会国际联络部.国别研究报告(日本篇),2007:15.

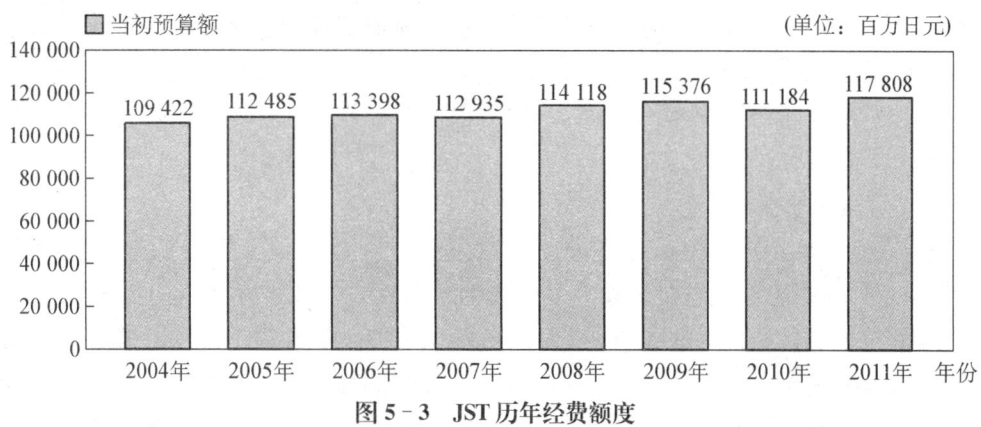

图 5-3　JST 历年经费额度

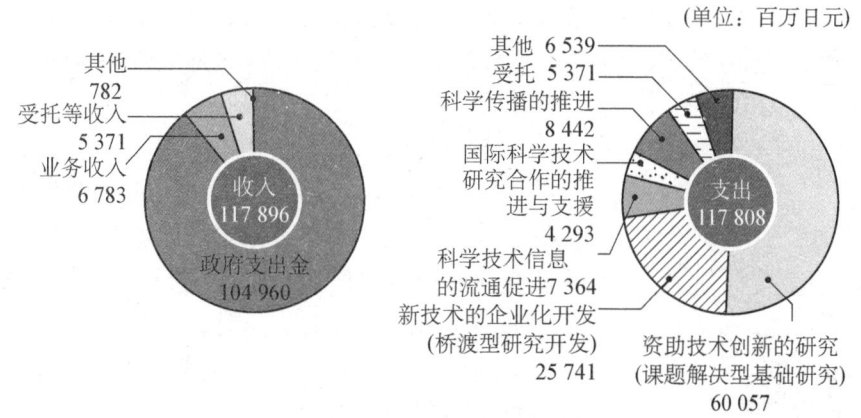

图 5-4　JST 2011 年的收支详细

资料来源：科学技术振兴机构，《2011—2012 Outline》，2011 年 10 月，第 44 页。

二、JST 的科学传播事业网络体系

日本学者认为，广义的科学传播主体，应该包括一切"可以填补科学技术专家和普通公众之间鸿沟"的人。科技传播的最终目的是提高公众的科学素质，进而提高国家与城市的竞争力，实现面向未来的可持续发展[①]。

传播科学知识、增进国民对科学知识的理解和提高其对科学的重要作用的认识，一直以来都是 JST 工作的重要方面。早在其还是前身"科学技术振兴事业团"的时候，《科学技术振兴事业团法》第四章（业务范围）第三十条就曾规定：事业团共有 8 项业务，其中第 4 项业务为传播科学技术知识，增进国民对科学技术的关心和理解。为了达到该目标，科学技术振兴事业团 1999 年开始了"增进国民对科学技术的理解"运动，口号是"人人必须

---

① 万兴旺，赵乐，等. 英国科技社团在科学传播和科学教育中的作用及启示. 学会，2009(4)：18.

对科学技术做出一定判断的时代到来"。2011年,JST对于科学传播推进事业的投入经费为8.442亿日元,占当年总支出的7%,是仅次于基础研究与新技术的企业化两大事业的第三大重点发展事业。

JST的科学传播事业体系分为两大部分,第一部分是全国中小学校理科教学援助体系;第二部分是以"国民科学素养提高与科学力提升"为目标的国民科学传播事业。

(一)理科教学援助体系

日本在20世纪80年代提出了"技术立国"的口号,90年代又提出了"科学技术创造立国"的口号,这标志着日本在完成了追赶欧美国家的历史任务后,进入了发挥自己的创造性,发展独创性科学技术的新阶段[①]。提高青少年的科学素养是一国开发科技人力资源,提高国家创新能力的重要途径。"科学技术立国"战略的一项重要内容就是改革和发展教育,因为科研人员的培养离不开学校理科教育的发展。为了培养学生理解的能力以及观察自然现象和规律的能力;为了培养学生掌握分析、综合、假说、演绎、验证等科学方法和思维判断的能力;为了培养学生的创新能力,文部科学省在历年颁布的国家科学技术政策中都明确要求JST对中小学的理科教育进行援助。JST针对学生们"疏远理科"的状态所做的一系列措施有:

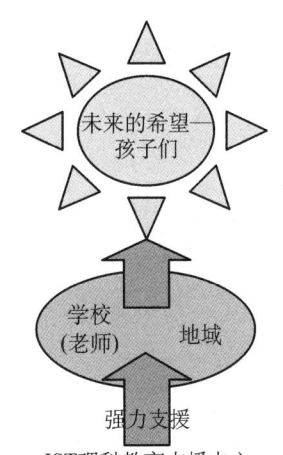

图5-5 JST理科教育支援中心的运行体制

资料来源:科学技术振兴机构,《科学コミュニケーションの推進》,2011年6月,第33页

1. 设立理科教育支援中心

为了迎合广大中小学理科教师寻求教学援助的需求,JST于2007年设立理科教育支援中心(图5-5)。理科教育支援中心的主要任务有四点:进行理科教育援助活动的企划、筹办和调适;进行理科教育相关调查研究;对于JST的试行活动进行调查研究结果的验证;公开调查研究的成果,并征集来自理科教师的意见。

为了更好地履行预期目标,理科教育支援中心下设理科教育援助讨论专案组。下设三个分科会:小学校分科会、中学校分科会及才能教育分科会。小学校分科会和中学校分科会的主要任务是在全国各地设立理科教师教学咨询处,对中小学教师提供理科培训、援助方面的服务。才能教育分科会的职责则是组织学生课外科学活动,邀请著名科学家如诺贝尔化学奖获得者白川英树教授、光触媒发现者藤岛昭教授等人走进中小学课堂,用浅显易懂的语言给学生授课。这种灵活的形式是正规课堂教育的有益补充,使得学校与社会的联系更加密切、促进了科学研究者与青少年的交流。

2. 集中理科教员进行定点培训

日本近年来所作的调查报告表明,有一半的小学理科教师和约四成的中学理科教师觉得对于学生的理科相关指导"困难"或"有点困难"。七成的小学教师和三成的中学教师

---

① 冯昭奎,张可喜.科学技术与日本社会.西安:陕西人民教育出版社,1997:153.

觉得自己的科学实验技能和观察能力技能"低"或"比较低"[①]。针对这个问题,JST鼓励地方上的大学与该地教育委员会联合起来,共同开发具体培训方案,将该地域中小学教师集中起来进行旨在提高其对学生的理科指导力的培训并培养理科教育骨干。JST每年都会资助若干地方大学和当地教育委员会的合作开发方案,上限3 000万日元/年,一般资助年限四年。这是以理科教师指导力的强化为目标而进行的有力援助。

3. 理科支援人员的配置事业

2007年开始JST发起了理科支援人员的配置事业,其主要是在读研究生、退休教师、企业退休人员及对理科教育感兴趣的人。他们参与小学五、六年级学生的理科实验课程的教学,完成课前实验室的准备工作并协助教师进行实验演示,同时还参与《观察实验课》的教案编写及其教材开发。通过志愿者与小学教师的交流,能够帮助教师不断更新知识与技能,提高其资质。所有的理科支援志愿者都是JST所设"理科支援志愿者研修会"的一员,这个团体是他们分享彼此经验的交流平台。

4. 教师资格证的更新讲习

日本政府打破教师资格终身化,并通过立法形式让教师在职进修成为法定义务。教师资格证书的有效期为10年,教师必须在资格证书更新期限内接受30小时的义务性研习,考核合格后教师资格证书才继续有效。从2009年起,为了提高广大中小学教师的科学素养,JST以需要接受资格更新研习的中小学教师为对象,每年都在不同地域举办多次专题培训。如2011年就在东京及其大阪分别开设了"如何灵活运用数字教材与电子课件进行授课"的培训,在日本科学未来馆开设五回以"科学传播"为主题的研修培训。

5. 《Science Window》

《Science Window》是JST发行的旨在支援学校理科教育的杂志。在日本有相当数量的学生中学时期不选择学习理科,这些人从大学教育系毕业后去中小学担任教师,自然对理科教育力不从心。《Science Window》的编辑者负有"支援理科教师"的使命[②]。他们呼吁,中小学教师及其家长应该和孩子们一起寻找"十万个为什么"的答案。《Science Window》的主要读者群为中小学教师,同时也鼓励学生和家长一同观看。现在每期发行8万2000册,赠送一定数量的当期杂志给全国的中小学、科学馆及其博物馆供人们免费阅读,同时官方网站上也提供每期杂志PDF格式的免费下载版。

2008年12月的读者反馈调查显示,90%的教师认为阅读该杂志对自己亲近理科有帮助;觉得理科教学吃力的教员中,88%的人认为该杂志对自己了解理科有帮助[③]。

(二)国民科学传播事业

OECD于1991年和2001年进行的两次对日本国民的调查表明,日本成年人的科技

[①] 科学技術振興機構理科教育支援センター. 平成20年度小学校理科教育実態調査及び中学校理科教師実態調査に関する報告書(改訂版),2011: 11.

[②] 佐藤年緒. 環境問題に迫る. 日本科学技術ジャーナリスト会議「科学ジャーナリズムの世界」. 京都: 化学同人,2004: 178~189.

[③] 永山国昭,佐藤年緒. 理科が苦手な先生の心をどうつかむか. 学術の動向,2009(4): 53.

知识掌握水平比欧盟诸国的平均值都要低;特别是30岁左右的中青年对科技发展的关心程度非常之低。之所以造成这种情况与日本的社会背景相关。在日本,学文科的毕业生比学理科的毕业生待遇好;官僚界不允许出现学技术出身的人;金融界的财团会长们也是文科出身者占压倒性的多数;理科出身的政治家属于少数派。理科生和文科生的工作待遇差额据说有5 000万日元。这不仅是理文科自身的发展的问题,而且是整个社会对其态度差异的问题①。

然而现代社会中,每个人对于科学技术发展及其合理利用的知识了解是不可或缺的②。文部科学省通过制定相关政策,以建立学习型社会为目标,把科学传播和国民的终身教育联系在一起。作为具体贯彻国家科技政策的机构,JST以组织大学及研究机构、企业、非营利组织、个人志愿者、科学馆、自治团体以及中小学校之间的科学传播交叉网络为己任,努力促进网络的活性化。

JST的科学传播社会网络中重点开展的结点领域有:

1. 科学频道(Science Channel)

JST的"科学频道"从1999年始首播,播出与人们日常生活密切相关的,也就是所谓"生活中的科学"系列节目。同时设官方网站(sc-smn.jst.go.jp),观众们可以在网上免费收看当期和往期的三千多个1.5 Mbps高画质节目。科学频道的观众群为中小学生及一般民众。其宗旨是使得"无论孩子还是成人都能从接触科学、了解科学中得到快乐"。科学频道的主要节目有《手工制作》《今昔垃圾回收术》《这里!少年科学编辑部》《从高空看日本》和《安全、安心的科学》等。该频道自开播以来,制作的很多专题节目都在国内外获得过重要奖项。如《地震研究的最前线!守护社会的科学》获得日本第49届科学技术视频节奖;《科学留给未来的——世界遗产与科学》获得2010年世界媒体节奖。

2. 地域型活动的活性化援助

为了增加国民了解科学技术的机会、提高国民对科学技术的兴趣与关心程度,JST于2007年开始开设"地域性科学传播活动的运营开展"援助项目。地方上的自治团体、大学或研究机构选定活动专题后提交计划给JST,通过可行性评审便可获得活动资金。此项事业援助期为三年,援助金额1 000万日元。如2009年的"东京科学网络—地域的纽带成为世界的纽带—国立天文台"以及"手工制造业人才培养网络的构筑—和歌山工业高等专科学校"等活动。

JST同时还资助全国范围内大型科学传播活动的援助,援助期为三年,援助金额3 000万日元。如2009年日本科学技术振兴财团发起的"为了青少年的科学节日—全国网络事业"及九州先端科学技术研究所发起的"盲人的科学hey jump—全国网络的构筑"等。

为了协助获得经费援助的活动主办方更好地向当地或者全国的公众传播他们的科学专题知识,JST会联合全国各地相关领域的科学馆和博物馆对其进行援助,并且提供活动

---

① 马场炼成.日本社会の科学リテラシー.学術の動向,2009(4):20.
② 北原和夫,等.科学技術の智プロジェクト総合報告書東京:日本学術会議・科学力増進分科会,2008:209.

方案开发建议及先进展示方法的介绍。

3. 超级科学高中(SSH)支援事业

为了培养未来的国际性科技人才,从 2002 年起,文部科学省每年都会指定若干所超级科学高中(SSH),在这些学校中重点实施理数教育,并对理科为重点的课程的自主开发实践、课题研究、体验型和问题解决型学习活动等进行援助。JST 则是文部省指定的给予援助的实施机构。JST 对每所指定高中的援助期为 5 年。被指定的学校与大学合作进行理科教育课程教材的开发,其宗旨为致力于对科学技术充满兴趣、有创新能力的人才的培养。JST 负责企划、运营、采购、进修费用方面的援助,5 年援助期满后举行成果普及发布会。到 2010 年为止,JST 的援助校已达 145 所(2005 年 3 所,2006 年 15 所,2007 年 31 所,2008 年 13 所,2009 年 9 所,2010 年 36 所,2011 年 38 所)。

4. 国际科学技术竞赛支援事业

为了促进青少年对科学技术的兴趣与热情,培养理科优秀人才,从 2004 年开始,JST 对国际科学技术竞赛的开展进行援助,见表 5-4。

表 5-4　JST 支援的国内外竞赛一览

国内竞赛	官方网站	国际竞赛
日本数学奥林匹克	http://www.imojp.org/	国际数学奥林匹克(IMO) 亚洲太平洋数学奥林匹克(APMO)
全国高中化学最高奖	http://gp.csj.jp	国际化学奥林匹克(IChO)
日本生物学奥林匹克	http://www.jbo-info.jp/	国际生物学奥林匹克(IBO)
全国物理竞赛	http://www.phys-challenge.jp/	国际物理奥林匹克(IPhO)
日本信息学奥林匹克	http://www.ioi-jp.org/	国际信息学奥林匹克(IOI)
日本地球科学奥林匹克	http://www2.dokkyo.ac.jp/~rese0012/	国际地球科学奥林匹克(IESO)
日本地理学奥林匹克	http://jeso.jp/	国际地理奥林匹克(IGEO) 亚洲太平洋地理奥林匹克(APRGEO)
日本学生科学赏	http://www.jssa.com/	国际科学与工程大奖赛(ISEF)
日本科学与工程挑战赛	http://www.asahi.com/jsec	国际科学与工程大奖赛(ISEF)
日本机器人足球少年大会	http://www.robocupjunior.jp/	机器人足球世界大会少年组

注:日本学生科学奖只援助国内竞赛部分;日本科学与工程挑战赛,只援助国际大会部分。
资料来源:科学技术振兴机构,《2011—2012 Outline》,2011 年 10 月,第 36 页

5. 草根型企划

此类活动一向以平民化、大众化的科技传播为特色,所以称其为"草根型企划"。无论是社会团体或是个人都可以通过 JST 的公开招募递交活动申请,通过专家组考评甄选后,优秀方案获得资金。草根型企划主要有体验型活动(如实验教室、工作教室等)、自然观察教室、天体观测教室、合宿型科学体验活动、论坛、研修会等形式。单次活动援助 2 万

日元,单个项目援助经费上限10万日元(单个活动一年内最多开展五回)。2011年度,JST采纳的草根型企划共计254件,是上年度的4倍。

6. Science Agora

从2006年开始,JST在每年的11月都在东京都台场地区的日本科学未来馆内举办"Science Agora"大型科学广场活动。大学、研究机构、学会、地方自治体、公益法人及非营利法人通过大幅海报、3D影像、模型演示等媒介介绍前沿科技研究成果。同时设置互动区域,孩子们在研究人员的带领下进行各种有趣的化学实验;成人近距离观察世界最先进的感应臂、机器狗,并且和它们友好"握手",见图5-6。在这里你能够亲眼目睹H-IIA火箭的主燃烧室,也能了解虚拟的"仙鹤星人"进化全过程。"Science Agora"还开展一系列市民讲座,邀请诺贝尔奖获得者、大学教授、科技新闻记者、宇航员等人发表演讲,介绍其科研历程、成果、心得、体验等。人人都可免费参加的"Science Agora"的丰富多彩的企划拉近了市民和科学技术之间的距离,促进了科学者与社会的理想互动。

图5-6 2010年度Science Agora展。日本科学未来馆内,一位市民在与机器狗互动。

7. 日本科学未来馆

2001年,日本文部科学省开始了"IT活用型科学技术与理科教育基盘整备(先进的digital contents开发)"事业,日本科学未来馆正式开馆。未来馆通过与具有接触科学的潜在意识的所有人士共同分享来源于科学最前沿的"新的知识",让全体国民关注科学、展望未来,实现可持续发展的、人人都可以舒适地生活的绿色生态社会,这是日本科学未来馆的目标。"我懂科学,我了解世界"这句口号昭示了未来馆的四大主要活动内容:地球环境与开拓精神、信息科学技术与社会、生命科学与人类、技术创新与未来。未来馆为了打造开放的交流平台,也即JST所追求的"科学的网络",通过举办企划展、研讨会、专题讨论会、交友会、实验操作等形式来促进国民对科学的兴趣,增加国民与科学工作者交流的机会。

三、JST的作用

JST的科学传播事业以文部科学省所颁布的科学技术政策为行动纲领,以社会的具体需求为导向,力求营造社会中教育与科学的人文氛围,项目众多,受众广泛。JST鼓励大学、科研机构与中小学校学校进行合作,不断更新理科教学内容与授课形式,提高理科教育师资水平;与此同时,注重对于全体国民的科学素养培育,担任着科学研究者与全社会大众之间的沟通交流的桥梁角色。一方面,科学家向大众传播科学知识;另一方面,公众也参与科学知识的创造过程,与科学家一起共同塑造科学的恰当的社会角色。在这个双向互动过程中,公众可以更好地理解和接受科学,这是一种在实践中的学习①。通过资金拨款援助、专业咨询援助和人才派遣援助等多种方式,JST 担当了科学技术与广大国民之间重要桥梁的角色。对于日本的科技进步与经济发展,JST 的科学传播事业可谓是功不可没。

第三节 日本企业的 CSR 理念——以索尼教育财团为例

企业社会责任问题是当今全球社会经济发展中的一个重要问题。在 21 世纪的日本,社会责任(日语:日本の民間公益活動;英语:Corporate Social Responsibility,简称 CSR)已经成为企业的可持续发展进程中不可忽视的关键词。日本于 2004 年开始着手于公益法人制度的改革并于 2008 年 12 月正式颁布《新公益法人法》。

日本的企业往往都怀着强烈的社会责任感。他们认为,作为一个企业,不仅是一个盈利组织,更重要的是其对人与自然,对社会与环境负有责任。当今世界充斥着气候变化、生态系统被破坏等环境问题以及资源枯竭、人权、素养缺乏等各种社会问题。要想解决这些全球社会共同面临的基本课题,就必须企业与政府、社会一道,共同创造能够发挥作用的社会价值。既要创造社会价值,同时也要创造经济价值,企业的 CSR 事业应当作为经营本身来执行,为可持续社会的实现贡献力量。

一般而言,日本企业的 CSR 活动集中在三大领域——"教育""环境"与"社会公益"。他们最大限度地运用自身的知识和信息技术,以培养推动新时代变革的人才为核心,为创建充满生机活力的社会为目标来开展各项社会贡献活动。

一直以来,作为企业 CSR 事业中的重要一环,日本的各大公司都在国民科学素养的提升方面做出了极大的贡献。自 2004 年公益法人制度的改革以来,日立财团、索尼财团、松下财团、东芝财团等日本代表性的财团都纷纷设立自己的 CSR 方针。他们设立基金以援助中小学理科教育事业;定期或不定期举办各类面向社会全体公众的研讨会与论坛;建立科学馆以展示公司的最先进科技产品,鼓励广大的中小学生前来免费参观并给予孩子们亲手组装或操作的实践机会等。可以说企业 CSR 是日本国民科学素养提升事业中的重要推动力。下面以索尼财团为例来介绍日本企业 CSR 对于国民科学素养方面的贡献。

一、沿革与组织

公益财团法人索尼教育财团(公益財団法人ソニー教育財団)是索尼财团 CSR 事业中以提升国民科学素养为目的的具体执行单位,其历史渊源可以追溯至 1959 年 4 月由索尼公司设立的"索尼理科教育振兴资金"。1972 年,财团法人索尼教育振兴财团设立,属于文部科学省管辖;1973 年经文部大臣认可,组织性质变成为"特定公益增进法人";2011

---

① 吴国盛.从科学普及到科学传播.科技日报,2000-11-9.

年经内阁府批准,正式更名为"公益财团法人索尼教育财团"。2011年,财团基本财产总额达298亿日元。索尼教育财团的任务目标是,让孩子们从自然中学习,培养孩子们的科学心,为国家的未来培养怀有梦想的接班人。为了这一目的,索尼教育财团组织了大量人力物力以援助国家的科学教育。

1946年作为东京通信工业界创业者中一员的井深大先生[①]在1972年设立的"财团法人索尼教育振兴财团"的设立宗旨中明确提出了"建设自由、豁达、愉快的理想型工场"与"组织以国民为受众对象的科学知识普及活动"的两大目标。他认为,要想使得作为国家未来之希望的孩子们关心科学、喜爱科学,就必须重视中小学校的理科教育。

与此同时,一直持有"人类的能力与身边环境息息相关"观点的井深大理事长也非常重视幼儿教育,并在1969年设立了"财团法人幼儿开发协会"。该协会出版了多部与婴幼儿期的培育相关的著作,在社会中产生了很大反响。1987年设立"索尼教育资金",资助中小学校的理科教育。至今已经有共计全国超过11 000所学校报名申请资助,实际资助5 300所。

2001年,"财团法人索尼教育振兴财团"与"财团法人幼儿开发协会"合并,财团法人索尼教育财团正式成立。2000年开始,以培育儿童的感性·创造性·主体性为目标的《索尼儿童科学教育系列企划》正式启动。2005年,以2000年诺贝尔化学奖得主白川英树先生为导师,中小学生为受众的"科学之泉——儿童梦教室"以及"索尼制作教室"分别于2005年和2007年设立。与此同时,财团还以理科教师为培养对象,提供教师进修以及出国交流学习的机会。

索尼教育财团的组织机构由三大部分组成,如图5-7。现任理事长为索尼公司副总裁中钵良治先生。

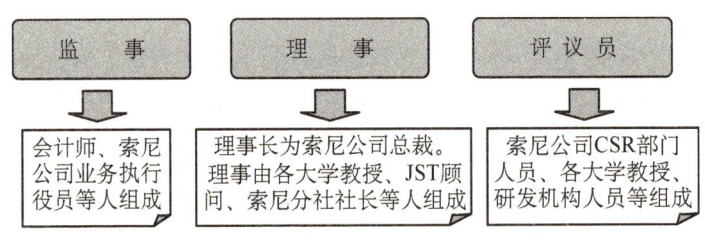

图 5-7 索尼教育财团的组织构造

说明:根据2012年1月16日官网更新资料

二、以学生为主要目标群体的援助企划

进入21世纪以来,索尼教育财团展开了《幼儿教育援助企划》与《儿童科学教育企划》以提高少年儿童对于科学的兴趣程度,提升其科学素养。

《幼儿教育援助企划》的主题为"培养科学心——丰富感性认识与培育创造性思维的

---

① 井深大是1972年设立的财团法人索尼教育振兴财团的首任理事长。

萌芽。"索尼教育财团所谓的"科学心"包括了如下几点[①]：

- 被自然界的神奇所打动的好奇心；
- 客观、实际、尊重事实的心态；
- 决定或行动不带有偏见或歧视；
- 尊重自然界的一切生命；
- 尊重自然界的多样性。

在全国各地的幼儿园、托儿所等机构广泛征集针对3～5岁幼儿培育的实践方案和计划，然后索尼教育财团通过对其进行资助的方式以使得计划目标得以实现。该企划从2002年开始，至今已进行了十年。每年入选方案的提出机构都要参加索尼举办的公开发表会，并且其实践案例都会被收入索尼每年发行的教育年鉴之中。

《儿童科学教育企划》的主题为"培养热爱科学的儿童：重视好奇心·感性·创造性·主体性的培育"。此计划是在全国的中小学校中广泛征集以自然科学为中心，"培养热爱科学的儿童"之理念的实践与评价考察为题的研究论文，然后索尼教育财团根据这些论文为参考材料来进行下年度教育计划的制订，以不断追求使少年儿童拥有丰富感性、创造性与主体性为目标的理想教学模式。

三、中小学教员研修与培训

为了提升中小学教师的自身科学素养与教学方法，索尼教育财团还设有"索尼科学教育研究会"（ソニー科学教育研究会，Sony Science Teachers Association，简称SSTA），其主要业务是以全国的中小学校、幼儿园与托儿所的教师们为对象，进行研修、培训之类的援助。除此之外，SSTA还与全国小学校理科研究协议会、日本初等理科教育研究会等所举办的全国大会进行合作并予以资助。

以"索尼理科教育振兴资金"授予校中教师为主体会员所构成的SSTA设立于1963年，当时称为索尼理科教育振兴资金受赏校联盟（ソニー理科教育振興資金受賞校連盟）。2002年，作为会员的老师们自发进行了企划、运营相关的探讨，将其组称改为SSTA，其性质为研修组织。截止2012年1月，SSTA在全国已经有49个分部，超过2 000名会员。他们根据各自分部地理环境与地域的特色来进行具体研究，进行授课相关信息的互通与交换，并组成团队进行理科教材的开发工作等。

与此同时，SSTA还重视与国外相关研究机构的交流。在吸取国外科学教育相关优秀研究成果的同时，力求将日本理科教育的相关优秀成果推广传播至世界各国。SSTA每年资助数名日本的理科教师去哈佛大学参加名为《Project Zero Classroom》的暑期研修。在研修过程中，来自数十国的理科教育相关领域的教师齐聚一堂，通过演讲、演习、讨论等多种途径来学习与贯彻"多重知性理论"与"以理解为目标的教育"等新型教学理论。然后等他们研修结束归国后，将在国外所学的最新理论具体运用于每日的教学实践中，提

[①] 小泉英明，秋田喜代美，山田敏之（ソニー教育財団）．幼児期に育つ科学する心．東京：小学館，2006．

高教育质量。

四、代表性活动

索尼教育财团所兴办代表活动之一的"科学之泉——儿童的梦教室"以小学5年级学生至中校2年级学生为招募对象,从2005年起每年8月召集约30名学生进行学习培训。"科学之泉"的主要授课教师白川英树教授以"从自然中学习"为主题,引导孩子们怀着在探索大自然的奥秘的过程中产生的对于自然科学的好奇心和疑问,来"好好观察、好好记录、好好调查、好好思考"。每年活动开展的6天之内,孩子们和专门配备的指导员一起生活起居,通过密切接触野外的大自然以激发其探索科学奥秘的好奇心。此外,学生们还有机会和白川教授一起做化学实验。通过研究者与孩子们的沟通、交流与指导,使得孩子们觉得科学并不遥远,科学实实在在地存在于每天的日常生活之中。

此外,索尼教育财团的代表性活动还有从2007年开始的"索尼制作教室"。此项活动是以小学高年级学生以及中学生为对象,在索尼的公司里或者邻近的具备条件的设施中具体开展。索尼公司的研发人员和技术人员、SSTA的会员等人给学生们给予指导。据统计,2011年参加者人数超过1 000名。在活动过程中,索尼的研发人员与技术人员对孩子们进行索尼的产品相关制作工艺的介绍和操作示范并带领孩子们进行动手实践;而SSTA的会员们基于理科教材的成果和教学法的实践,与索尼的研发人员们紧密合作,共同致力于使得孩子们更好地了解产品制造相关的科学原理。孩子们在"索尼制作教室"中通过亲手制作出能够发出声音、发出亮光的制品而大大增加了对于科学的兴趣。

自2011年来,索尼教育财团不仅仅开展有助于认识到自身社会责任的企业活动,而且日益开始重视与本国其他企业的合作活动,致力于与合作伙伴共享社会责任意识。2011年2月26日在联合国大学内举办了面向社会公众的索尼日立"'科学心'与教育·育儿的新视野合作论坛",见图5-8。登坛演讲者为:索尼教育财团理事兼日立科学技术财团评议员的小泉英明,他指出财团之间的合作是更好地发挥CSR作用的新模式;第二

图5-8 索尼与日立"'科学心'与教育·育儿的新视野合作论坛",2011年2月26日

位是"科学之泉——儿童的梦教室"的指导教师白川英树教授,他介绍了"科学之泉——儿童的梦教室"的主要内容、教学目标与成果以及学生和家长们的反馈;第三位是日立环境财团的评议员合志阳一,他从环境教育的角度介绍了最新出版的一些可供教学参考的著作;第四位登坛的是日立科学技术财团理事藤岛昭先生,他以"亲近自然的快乐理科教育"为题发表了演讲。

五、CSR 的长期目标

日本的企业经营者们认识到自己所担负的社会责任,把企业 CSR 作为经营本身来执行,通过事业活动为社会作贡献,最大限度地发挥自身拥有的知识及信息等资源优势,兼顾社会价值和经济价值,围绕着培养肩负未来变革的"人"这一核心,为实现可持续社会而贡献力量。他们推行"CSR 活动方针",与事业合作伙伴共享社会责任意识,以和社会各界的沟通对话为轴心,力图成为企业经营与 CSR 相结合的真正的国际化企业,开展有助于认识到自身社会责任的企业活动,为实现充满生机活力的社会,积极推进各种各样的社会贡献活动以实现企业与社会的和谐共存与双赢。

第四节 小　　结

综上所述,21 世纪的日本,国民科学素养培育事业可谓是全面开展,体现着由 20 世纪末的"公众理解科学"模式向"公众参与科学"模式逐渐过渡的过程;由以往社会大众与科学技术研究者之间单向的科学传播逐渐向双向、互动式的科学传播迈进。

要想提高国民的科学素养,单方面的努力肯定是不够的,这需要整个社会携起手来共同努力以达成目标。21 世纪的日本,国民科学素养培育在政府、科学共同体、学校、大众传媒、企业 CSR 以及博物馆的共同努力下良好开展,见图 5-9。

如果说,最初政府和科学研究者们只是单纯希望社会中国民了解具体的科学技术知识,然后国民从生存意义上关注科学技术的价值负荷,那么现在则是希望通过科学技术在

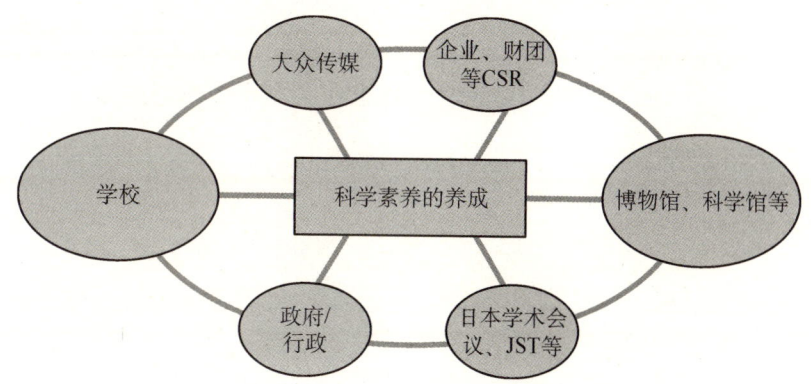

图 5-9　21 世纪日本的国民科学素养培育网络

社会中的传播和交流,提高本国全体国民的科学素养,最终达到本国国力的增强及其在世界上综合竞争力的提升①。

与此同时,科学研究者们在与国民进行交流的同时,不但能够赢得公众对于科学技术发展的信赖与支持,同时也对年青一代产生影响,激发他们对于理科学习的兴趣。当然,作为实现 21 世纪新型"双向交流"的前提,政府和研究人员必须及时、迅速、准确地向社会中全体国民公布科学技术的发展动态以及相关知识。

为了提升国民对于科学技术的兴趣,在履行对社会的说明责任的同时,向全体国民传达科学技术领域的魅力,21 世纪的日本政府不遗余力地颁布各种政策、采取各种措施、组织各种活动来谋求国民科学素养的不断提升。他们集合学校、社会和企业各方面的可利用资源,为广大国民、尤其是广大青少年创造可以接触先进科技,与科研人员直接沟通的条件,以培养青少年对科技研究工作的兴趣,与此同时,在社会中形成"人人重视科学知识、人人理解科学知识"的良好氛围,如图 5-10。

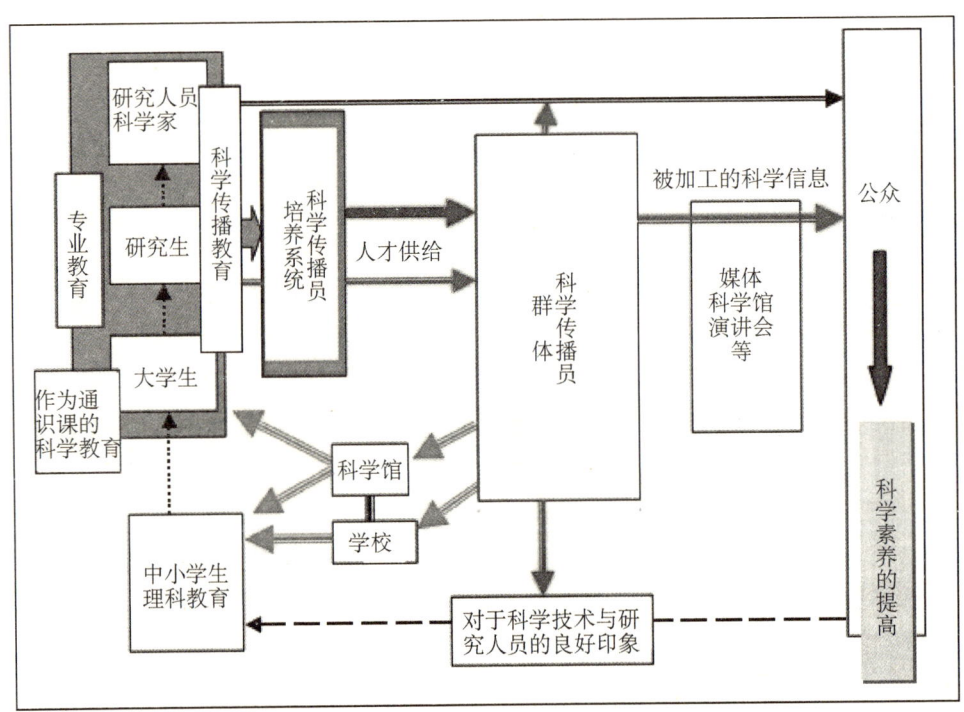

图 5-10　21 世纪科学素养培育网络概念图——各种要素的有机整合②

---

① 世界科学会议.科学と科学的知識の利用に関する世界宣言,1999-7-1.
② 文部科学省科学技術政策研究所第 2 調査研究グループ.科学技術理解増進と科学コミュニケーションの活性化について,2003:53.

第六章
突发公共事件中的科学素养与科学传播

第一节 引 论

科学传播是提高公众科学素养的手段和方式,科学传播的目的是提高公众的科学素养。突发公共事件中的科学传播有着特定的内涵。其包括"科学知识从科学家流向公众的知识传播(科学普及)"与"公众就科学技术的发展、应用、支持、约束、政策等问题,与科学家进行交流与讨论"[1]这两大方面。乔治梅森大学物理系的特雷菲尔(James Trefil)认为:如果一个人有足够的科学背景,以应付其日常生活中所涉及事物的科学成分,则他/她就具备科学素养[2]。事实上,使公众更好地理解危机和科学,具备一定的应对突发公共事件的科学素养,是应对突发公共事件,进行危机管理的重要组成部分。一般的科学传播领域的研究者大多是以"常态社会(normal society)"作为其研究的前提;我们一般所讨论的科学传播也就是在常态社会背景之下的"传统型科学传播"(以英国的"公众理解科学运动"为例)。而在非常时期的突发公共事件中,应该如何做好科学传播呢?这个问题往往为学术界所忽视。在"常态社会"的正常秩序被突发公共事件彻底扰乱的"非常态"混乱(chaos)之下,传统的科学传播理论与机制是否仍然能够机械地照搬与应用呢?显然不能。

突发公共事件是我们正常的生活秩序里的特殊形态秩序。虽然其具有偶发性而不具有普遍性,然而却是影响科学传播与科学发展的重要因素。在突发公共事件发生的过程中,科学传播会产生在常态社会中所不具有的独特性。法国遗传学家阿尔贝·雅卡尔(Albert Jacquard)曾经说过:"当事关毁灭时,我们几乎有着无限的工作效率。"[3]受到突发公共事件强烈干扰的科学传播出现很多新的特征:公众寻求与事件相关的安全知识与健康知识的主动性明显增强;科学知识的需求量大增;公众参与科学传播活动的积极性提高,在突发公共事件中掌握科学知识的学习效果会具有终身性。在突发公共事件发生时,科学传播可以增强公众的危机意识,指导公众在事件中的具体行为模式,使公众提升科学素养从而具备一定的分析和判断事件发展的能力以积极应对危机态势。有效的科学传播不仅能够稳定社会秩序,同时也能使得公众掌握科学知识,提高科学素养并且培养其应对

---

[1] 翟杰全,杨志坚. 对"科学传播"概念的若干分析. 北京理工大学学报(社会科学版),2002,4(3):89.
[2] Trefil, James. Why Science? New York: Teachers College Press, 2007:224.
[3] 阿尔贝·雅卡尔. 科学的灾难? 一个遗传学家的困惑. 阎雪梅译. 桂林:广西师范大学出版社,2004:218.

突发灾害的科学态度。而这也使得公众可以在一定程度上理解和主动配合政府应对危机所采取的各项政策措施，从而使得救灾工作更加顺利地实施开展。因此可以说，突发公共事件之下的科学传播既有及时应对应急事件的现实意义，又有提升公众科学素养的长远意义。

2007年8月30日，我国通过《中华人民共和国突发事件应对法》。这是我国首次以立法形式规范此类事件的应对问题。其中对"突发公共事件"的定义进行了界定："突发公共事件，即为造成或者可能造成严重社会危害，需要采取应急处置措施予以应对的自然灾害、事故灾害、公共卫生事件和社会安全事件"。关于突发公共事件的预防的相关思想其实早就在我国古代典籍里就曾有所体现。《周易·系辞下传》："存而不忘亡，安而不忘危，治而不忘乱，思所以危则安矣，思所以乱则治矣，思所以亡则存矣"，这是中国古代居安思危的危机思想的经典概括。纵观我国自新中国成立以来的灾难史：新中国成立以来的首次比较严重的灾难性突发事件非1976年死亡24万人的唐山大地震莫属。但是由于当时处于"文化大革命"的后期阶段，我国政府对灾难实情进行严格管制，只顾一味地隐瞒灾情，不重视对于人民对应地震灾情科学素养的提高与防灾科学知识的传播，灾难中的信息传播表现为"零传播"或者不传播。自SARS事件后，我国的突发公共事件中的科学传播情况有所改观，政府为主导积极传播有关防病、治病方面的科学知识，但是总体而言，仍不透明[①]。纵观新中国建立以来发生的突发公共事件中的科学传播状况，从本质上来说有两点：首先，我国在突发公共事件中没有处理好政府、媒体、科学家群体与人民大众之间的关系。这四者之间的关系非但不是和谐的，有时候甚至还是互相冲突的，社会四大基本要素的不和谐直接影响了突发公共事件中对于可靠信息与相关科学知识的快速传播；其次，我国平时没有对突发公共事件引起足够重视，人民大众对于应对此类事件缺乏足够的科学素养。

纵观我们的邻国——处于太平洋板块边缘地区的日本其特殊的地理位置造成了本国灾难频发的特性。地震、海啸、台风、火山喷发，还有当今世界每个国家都不可避免的流行病、工业污染、环境污染等灾害在日本的灾难史中均有记录。本章将以经典案例："水俣市与新潟县爆发的水俣病公害(1956)"以及"东北地方太平洋冲地震所引发的福岛第一核电站核泄漏事件(2011)"这两大贝克所谓"风险社会"之下的突发公共事件为例，对于日本在发生突发公共事件时的科学传播的运作状况，及其民众相关科学素养的掌握情况进行案例的调查与剖析，通过学习日本的经验及其教训，为我国突发灾害的事前预防及其受灾应对工作提供参考与建议。

第二节 案例分析一：水俣病公害(1956)

一、水俣病的缘起

20世纪60年代，日本经济以10.5%的增长率飞速发展，高居各资本主义之首。但也

---

① 吴廷俊，夏长勇. 对我国公共危机传播的历史回顾与现状分析. 今传媒，2010(8)：26.

带来了诸多弊端,其中之一就是环境污染,工业废弃物导致了公害的产生。其中最典型的案例就是水俣病的发生。水俣病(日文名称:水俣病;英文名称:Minamata disease)是指人或其他动物食用了含有机水银污染的鱼、贝类,使有机水银侵入脑神经细胞而引起的一种综合性疾病,是日本灾难史上最典型的公害病之一[①]。

1923 年,新日本窒素公司在位于日本九州岛南部熊本县的水俣工场(チッソ水俣工場)生产合成醋酸,其制作过程中使用的催化剂最后全部随废水排入临近的水俣湾内,催化剂本身毒性不是很强,然而它们在海底泥里能够通过细菌作用而变成毒性十分强烈的甲基汞,使得鱼虾贝类受到污染,据测定水俣湾里的海产品含汞量已超过可食用量的 50 倍[②]。

1953~1956 年间,水俣市的 4 万居民中先后有 1 万人不同程度地出现口齿不清、面部发呆、手脚发抖、精神失常等症状。这些病人久治不愈,然后全身弯曲,悲惨死去[③]。后经数年调查研究,于 1956 年 8 月由日本熊本国立大学医学院研究报告证实,这是由于居民长期食用了八代海水俣湾中含有汞的海产品所致。

1959 年,熊本大学医学部水俣病研究班发表研究报告,指出水俣病原因为窒素工场所排出的有机水银[④],1932 至 1966 年间有数百吨的汞被排入水俣湾。1959 年底,渔民开始向窒素公司进行示威抗议。1960 年正式将"甲基汞中毒"所引起的工业公害病,定名为"水俣病"。然而,新日本窒素肥料立即否认说只用了金属汞而没有用甲基汞,不可能是水俣病的来源。工厂不但没有停止排放污水,还企图掩盖真相,阻挠相关的调查研究,甚至以暴力威胁。而当地政府对事件处理相当消极。日本政府于 1968 年左右才确认两者间的必然联系,但当时已经造成了严重灾害。

1966 年新潟县又爆发水俣病,史称"第二水俣病",造成污染的昭和电工也企图逃避责任,当地市民对其不负责任的态度极为不满,展开激烈的示威抗争。1967 年新潟县市民正式向法院提出控诉。1971 年法院判决昭和公司败诉,要负赔偿责任,新潟县的受害者又主动与水俣市的受害者联手向法院控告窒素公司。1973 年,法院判决窒素公司必须立即付出相当于 3 200 万美元的赔偿金,被确认为水俣病的患者,可从政府及新日本窒素公司取得相关医疗费用。两年内窒素公司一共赔偿 8 000 万美元。该事件被认为是一起重大的工业灾难。1997 年 10 月,由官方所认定的受害者高达 12 615 人,当中有 1 246 人已死亡。

2009 年 10 月 15 日,平时关注于化学物质问题、生态系统问题、健康问题、水俣病相关问题、人权及贫困问题的日本国内的 54 个市民团体与海外的 60 个市民团体联合向日本内阁提交了《呼吁日本政府禁止水银输出的市民团体共同声明》请愿书,见图 6-1。2009 年 11 月 20 日,环境省做出口头回应,表示今后要从国民健康与环境污染风险的角度,减少有关水银的国际贸易,完善对水银进行妥善保管的措施。与此同时,愿意与世界

---

① 原田正純. 水俣病. 東京:岩波書店,1972.
② 水俣病医学研究会编. 水俣病の医学—病像に関する Q&A. ぎょうせい,1995.
③ 安間武. 水俣病と日本の水銀問題. 化学物質問題市民研究会,2010-6.
④ 熊本大学医学部水俣病研究班. 水俣病—有機水銀中毒に関する研究一. 非売品,1966.

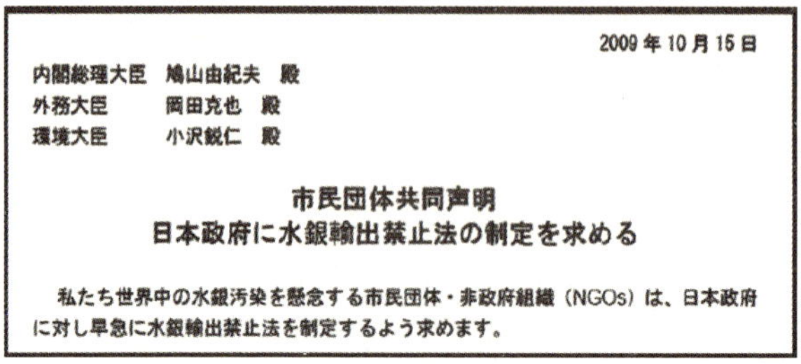

2009年10月15日

内閣総理大臣　鳩山由紀夫　殿
外務大臣　岡田克也　殿
環境大臣　小沢鋭仁　殿

市民団体共同声明
日本政府に水銀輸出禁止法の制定を求める

私たち世界中の水銀汚染を懸念する市民団体・非政府組織（NGOs）は、日本政府に対し早急に水銀輸出禁止法を制定するよう求めます。

图 6-1　海内外市民团体对于禁止日本政府输出水银的共同声明

资料来源：安间武化学物质问题市民研究会 2010 年 6 月，http://www.ne.jp/asahi/kagaku/pico/

各国共同合作，制定世界范围内的水银回收措施框架条约。

二、水俣病引发的科学技术相关伦理思考

日本政府一直以来实用主义至上的精神使得其重点放在产业发展之上。1960 年起，在当时池田内阁倡导的《国民收入倍增计划(1961—1970)》下，更是拼命扩充工厂，增加生产。当时日本的产业以重化学工业为主，而重化学工业又是高污染性产业，在未同时做好污染防治工作的情况下，高度的经济发展导致了日本人为环境污染付出代价。

乌尔里希・贝克(Ulrich Beck)认为，当今社会的发展使我们完全摆脱了封建社会所遗留的半现代特征，从而进入到后现代社会中。后现代社会不再是，或不再仅仅是为摆脱贫穷而斗争的工业社会，而是与全球性、全行业性的风险博弈的风险社会(risk society)[①]，现代人们正生活在文明的火山口上[②]。依据贝克的风险社会理论的分析框架，我们可以从中发现作为双刃剑的科技在不断发展中所产生的副作用所导致的科技风险问题正在日益成为现代社会的突出问题，我们也可以将这种主要由科技发展副作用导致的风险称为科技风险[③]。

以往人们单纯强调发展科学和技术，甚至把科学与技术的发展置于不可动摇、不可置疑的地位，而并不考虑科学技术的发展，特别是对科学技术有意识的应用，以及在某些无意识的应用中，可能会带来的风险。而水俣病的发生使得当时公众对科学技术给社会可能带来的危害有了重新的认识，每个人都应对什么是科学、科学技术的成就和它的局限性等问题有一个起码的了解[④]。

水俣病灾害发生之后，无论是灾民还是距离灾区较远的人们都不约而同意识到科学知识其本身固有的不确定性，于是公众对于科学及科学家的信任度大大降低；与此同时，公众参与科学活动的积极性大大增强，并且开始要求在科学决策中具有自己的权力。公众对科学家提出质疑，并且将伦理和各种社会性因素提升到更高的位置。造成这种情况

① Ulrich Beck. World Risk Society. Malden: Polity Press, 1999: 52.
② Ulrich Beck. Risk Society: Toward a New Modernity. London: Sage Publications, 1992.
③ 许志晋，毛宝铭. 风险社会中的科学传播. 科学学研究，2005，23(4)：439.
④ Royal Society. The Public Understanding of Science, London: Royal Society, 1985.

的原因不是公众无知,而是科学的发展造成了"专家和普通人间合理性梯度的冲突性平等化趋势"。专家的形象已然崩塌,公众对于科学的信任不再。而公众要想在科学活动中占据一定的话语权,能够真正影响科学决策,发挥公众的作用,必须首先建立在理解科学的基础上。因此,受此影响,日本的理科教育界研究人员开始反思现有的教学体系的不足,并且同时考虑将科学技术伦理教育加入理科教育大纲的必要性和可行性,并且以水俣病作为典型的考察案例。其目的是构筑新的科学素养培育体系[①]。

三、水俣病的教训

经过水俣病的灾害,日本人民深刻体会到,毁掉原本和谐生态的自然环境与井然有序的社会环境是很容易的事情,可是要想将已被污染的自然环境和已被打乱的社会环境恢复如初则是难上加难。于是,在设立对于将来的展望的时候,水俣市的人民使用 MOYAI(日语:モヤイ)的观念来重新考虑其本身与自然的关系。"MOYAI"这个词的本义有"用绳索把船系住"以及"大家一起合力"的两层意思。这里使用的是"MOYAI"的引申义,也就是指是人们通过合作,建立和谐的社会关系;恢复和改善在水俣病中被严重破坏的人与人之间的关系,以及人与自然的关系。

水俣病正式确认 50 年事业执行委员会・水俣私塾委员会于 2006 年 10 月 21 日发布了以下几条教训:

- 珍惜生命。
- 当周边环境出现异常时,重视当地民声,不忽视,认真调查。
- 产业活动的目的不仅仅是追求利润,更要实现真正富裕的生活。
- 行政工作要以民为本,居民一起创造幸福生活。
- 超越单纯追求物质财富的时代,创造可贵的精神家园。
- 从失败中学习,记取教训。正视犯下的错误,用行动改正。
- 回顾历史,展望未来,尊重少数人意见,用自己的双手建设家园。
- 牢记水俣病的教训,就是牢记生命的珍贵。

下面将从不同的方面分析水俣病灾害中社会不同职能部门对于科学传播责任的缺失。

首先谈谈科学家的意见和政府的决策之间的关系。水俣病发生的时候,当地政府与熊本大学医学部研究班以及新潟大学医学部研究班曾经联合起来探究根本病因。但是,窒素水俣工场和昭和电工对于其研究结论拒不承认。直到 1960 年,入鹿山且朗教授和白木博次教授在《科学》杂志上发表了对于水俣病的总括论文,其中详细说明了水俣病的发病根源。经过日本国内的学会以及大众传媒的传播,这才将真相得以昭告天下。但是可惜的是,结论揭晓得太迟,不可挽回的灾害损失已经造成。这也是日本政府对于公害病的患者救济延迟的原因。

[①] 金森修,等. 理科教育諸問題に関する科学論の考察. 学校教育高度化センター研究プロジェクト研究報告会.

以科学技术的分析判断为问题所在的行政课题中,当权者需要对于科学家的争论及其共识进行判断的。而当权者想要对于科学方面的争论进行凌驾于其之上的政策判断的话,首先又要先进行行政内部争论的问题解决。但是,如果科学家总是纠结于没有结果的科学争论,而当权者又总不及时进行政策决断,那么必然会导致错失时机的情况发生。

其次,在水俣病灾害发生的过程中,科学研究人员的立场及其角色没有得到准确定位。研究公害与环境问题相关的科学家虽然有自由地发表个人见解的权利,但是其权利是基于其对社会的责任的基础上的。科学家们的研究成果应用于社会的时候要意识到自己对于社会应负的责任,充分了解自己所做研究的风险性。更为重要的一点是,在此次事件中,和产业界有着利害关系的一些不配称之为"科学研究人员"的科学研究者们,他们在学术圈子里面有着自己的地位,拿着丰厚的研究资金,却站在窒素工场及其昭和化工的一边,支持其"本厂的化学制剂与水俣病的发作无关"的观点,做出了干扰病因查明的评论,而在当时,公众是十分相信他们的话的。这造成了对于水俣病患者的救治的延迟,很多人因此白白失去了性命。

由此可见,不光公众要培育科学素养和科学精神。科学家群体亦然。在水俣病这起公共突发事件的具体语境下,科学家的"科学精神"也就是科学家的职业操守。作为一名研究人员,尤其是一名以公害病为研究领域的科学者,怎么能置国民的生命财产于不顾,而沦为产业界不正势力的利用工具和傀儡?科学家科学精神的缺失造成了突发灾害时刻科学传播的不力,人们不能及时得到与水俣病的防治相关的科学知识,因此可以说,当时国民对于灾害相关科学素养的缺乏是造成水俣病灾害严重后果的原因之一。

第三节 案例分析二:福岛第一核电站核泄漏危机(2011)

一、核泄漏事件总括

2011年3月11日下午东京时间2:46分,日本东北地区发生了里氏9级大地震并引起了大海啸,震中位于仙台市以东的太平洋海域约130千米处,距日本首都东京约373千米[①],日本东北地域太平洋沿岸及北海道东部沿岸都受到了海啸的侵袭,高度最高达40.5米。宫城县、岩手县、福岛县等地遭到地震过后海啸,沿海地区遭到毁灭性的破坏,东北地区的仙台、气仙沼等城市受到了前所未有的巨大灾害。地震当时,距离震中100多千米的福岛第一核电站第1—3号反应堆正在运行,4号反应堆正在进行计划中的保养维修的准备工作。然而,突如其来的地震与海啸使得这四座反应堆受到了严重的损坏:3月12日,1号反应堆发生氢气爆炸;3月14日,3号反应堆发生氢气爆炸;3月15日,4号反应堆发生氢气爆炸……与此同时,有一定数量的放射性物质进入了空气及其海水之中。此次日本地震、海啸以及核泄漏事故之多米诺骨牌式灾难时至今日危机还在持续。

---

① "平成23年(2011年)东北地方太平洋冲地震"について(第2报).气象厅.2011-3-11.

回溯历史,日本是唯一遭受核武灾难的国家,美国在二战结束前夕动用两颗原子弹,导致长崎、广岛人民饱受原子弹爆炸以及长期核辐射污染。然而多年以来,日本政府以国家能源保障为由,不顾地区、国家,甚至国际环境安全而全力发展核电的举动向来都饱受争议。日本从沸水堆与压水堆之技术争端开始一直到引进设备技术与国产化之历程中,政府一直都是大力支持本国核电企业,使得日本逐步成为全球第三核电大国:在不到38万平方千米的国土上,密布着55个核电站反应堆。而作为世界第一核电大国的美国,其国土面积为日本的25倍,反应堆数量为104个,不到日本的2倍。日本的这55座核发电设施,实际上是对日本国内及国际社会的不定时炸弹、是严重的核威胁[①]。

311东日本大地震和随之而来的福岛第一核电站事故给日本国民的生活带来了重大影响。就日本核事故而言,目前的公共突发事件中的科技传播仍然以国家为传播主体,国家传播核心一旦短缺,必然导致信息的无序化,导致权威信息发布困难,这是日本处理福岛核电站的一大教训。在地震和海啸所引发的核泄漏发生之初,直到现场的"超级摄像机"直播了反应堆氢气爆炸场景,日本方面的危机传播才开始全面启动[②]。日本方面对危机响应的速度不及时,甚至无法掌握核电站的准确泄漏情况,造成了信息前后矛盾。总之,这次福岛核泄漏事件暴露了日本政府应对公共突发事件的应急科学传播机制的不健全和国民对于相关领域科学素养的缺失问题。

二、PUS缺失模型路线的挫折:从缺失到对话的转变

311大地震及其伴随的福岛核事故鲜明体现了公众理解增进科学[③,④](Public Understanding of Science)的缺失模型(日语:欠如モデル;英语:deficit model)路线的挫折。事实证明,只有从单向性质的缺失模型(deficit model)向具有双方意见交换特征的对话模型(dialogue model)的转变,才能更好地应对此类事件中科学知识的有效和快速传播。

然而,对话模型是建立在行政与科学的良好合作基础之上的。福岛核事故发生后,负责应对核电站事故的日本国政府、东京电力公司以及核安全保安院随时向媒体报告事故状况,但由于科学共同体被排除在应对阵营之外,致使科学家无法获取有助于做出专业判断和评价的资料和数据,也就无法向日本国民及其外国民众公开基于事实依据的准确分析与评价。行政与科学之间的不和谐直接阻断了科学传播的准确性和及时性。与此同时,在科学共同体的内部,科学家们的行动又不一致,特别是缺乏对于应急时刻科学技术对于政治意志的指导能力。因此,研究者们需要思考一种能够汇聚科学家所具备的能力以应对问题的有效对策。如何能够使得不同领域、组织、年龄、国籍的科学家积极有效地联合起来解决所面对的种种课题?如何及时向公众舆论传播正确的信息?如何重新构建

---

① 杨健.从日本核泄漏谈公共危机与应急管理.中国科学院院刊,2011-12-8.
② 周庆安.从福岛核事故看国际危机传播困境.对外传播,2011(5):14.
③ Science and Society. The Third Report, 2000.
④ (POST)OPEN CHANNELS: Public dialogue in science and technology, 2001.

信赖科学的可持续发展社会？

日本学术会议在 2011 年 3 月 21 日发表的紧急报告中,阐述了"在进行救灾重建的同时也应注重社会的可持续发展"的观点。其实如何通过重建支援实现"科学家的可持续发展"也是应该予以思考的一个问题。美国科学院原子能射线研究委员会高级董事凯文·克劳利(Kevin Crowley)认为[1],科学家应该能够提供与事故相对应的客观数据来帮助政府进行政策筹划;为了获得政府及其国民的信任,科学家们所组成的科学组织应当保持着与政府相对独立的中立立场;政府应该提供事故中的客观数据供科学家群体进行透明、公开、客观的研究。

在此次事件中科技传播的信任危机使得政府的形象大打折扣,科学家们意见混乱,各执一词,根本不能达成一致,使得处于焦虑与恐惧中的公众不知所措。于是公众不再满足于只是扮演单向缺失模型中受众角色,而发起"对话"的要求,要求政府信息传播的透明性与科学家群体传达讯息的精确性。科学家有权与政府共享事故状况和应对状况的相关信息,并做出科学的评估。为了共享信息,政府和科学共同体之间需要达成一致,然后尽快对社会公众公布。对于福岛核电站事故,如果当时尽早建立相关信息的公众共享平台的话,就会避免产生日本本国人民以及世界各国对于日本的科学家以及日本政府的执政能力的不信任感。

在对话模型中,不仅公众要求理解科学,而且科学者也要倾听来自于公众的声音。科学家所实施的对于地震与海啸的调查研究可以存在多种形式,但最为直接的形式是科学家参与到受灾地区的重建团队中,以当地的社会期待作为研究课题,并通过与受灾民众团结合作,将研究结果引入重建工作,提高重建水平。并且,这次灾害也给我们以启示,那就是要想形成突发公共事件中良好、井然有序的社会秩序,行政、科学以及公众之间要形成和谐的关系。与此同时,当地政府在处理突发环境污染事件过程中,仅仅强调信息公开是相当不够的,还必须对所公开信息的相关科学内涵进行公开传播,消除公众的相关知识缺陷,满足公众相关的知识需求,从科学上保障公众参与事件解决的民主权利,从而消除社会恐惧维护社会稳定。只有在对话模型中,科学传播才能得以顺畅进行,而国民非常时期的科学素养的培育也能够得以受益终生。

三、紧急事态中的科学素养

福岛核泄漏事故不仅对日本的社会经济造成了巨大损失,也严重影响了日本国民的生活和价值观。福岛县民,甚至世界各国人民,无一例外地对此次灾难都表示了极大的关心。由于科学传播的不力及其自身相关科学素养的缺乏,普通民众的由于仅仅掌握一些不可靠、不确定的信息而引起的茫然疑惑情绪始终挥之不去。在这种形势下,急需能够应对紧急事态的科学知识。那么,作为一个普通民众,如何主动寻求相关知识与及时提高自身科学素养呢?

---

[1] Kevin Crowley. Scientists in Response to Fukushima:A U. S. Perspective.「東京電力福島原子力発電所事故への科学者の役割と責任について」シンポジウム,2011 - 11 - 26.

首先,伴随着此次地震的发生,史无前例的巨大海啸,意想不到的核泄漏事故,各种突发事件接连不断。在此种情况下,公众首先要有自己的科学态度,要学会用自己的常识来判断出正确信息或可靠信息,然后以此为依据来进行自己的行动。当然,这里所提到的"科学态度"和"常识判断"是与平时的科学素养的积累分不开的。

另外,很多民众都关心,针对福岛核电站发生的事故,应该采取什么行动?要想解决这个问题,判断材料是必不可少的。3月14日福岛核电站发生爆炸的当天,日本政府并没有开始计划停限电;然后在之后的几天内,本应优先供给至受灾地区的燃料、食品等生活物资因积压在东京等主要受灾地区以外的地区而出现严重不足。而且此后谣言开始盛行,如"政府与专家所谓目前不会马上危及健康的说法不可信""各国政府要求居住在日本的本国公民在半径80千米的范围以外避难,日本政府却仅指示在半径20千米至30千米的范围内于室内避难即可,这真的没问题吗?""政府是不是隐瞒了什么重大信息"等。

面对突发公共事件时,几乎所有的公众,尤其是受难者和灾民均处于恐慌与困顿之中,脆弱的心理与感性的情绪弥漫于这种特殊的时空。他们急需要能迅速带来安全与健康的科学知识[1]。因此,关于核反应堆的构造、冷却的结构、辐射量的详细讲解,以及国内各地的实时观测数据等,开始通过各种报道与互联网广泛传播。感谢现今信息时代的发达,公众能够坐在家里就立刻在有益的信息来源——互联网上查找到更多的科学信息与知识。此外,日本政府也公开各地辐射监测数据,呼吁人们冷静对待部分食品中检测出放射性物质的事实,并面向国民广泛宣传科学信息与知识。当然,专家的意见也仅仅是根据可收集到的有限的信息、在科学知识的基础上总结而成。加之如上文所述,无论掌握了多么具有普遍性的科学信息与知识,事件却是具有极其复杂的综合性的,正确驾驭包括连带问题在内的整体形势并采取适当的应对措施是非常难以做到的。然而,每天持着怀疑和不信任的态度过着担惊受怕的日子肯定是不行的,而相关的科学信息与知识及其科学家们的意见至少能够使人们减少些焦虑。

对核电的恐慌主要来源于信息的不透明,因此加强对公众核能安全知识的普及至关重要。政府应积极主动采取相关措施来加强对公众核能安全知识的普及,并及时在学校的理科教育中更改教学大纲,增加相关教学内容。在日本现行的文部科学省所颁布的中小学校课程教学大纲中,有关放射能知识的相关教学内容只是被放在高中物理(物理Ⅱ)的"提高阶段"部分内容中供13%左右学有余力的学生进行提高层次的学习,这就意味着全日本大约有90%的人都没有在中小学理科教育阶段接受有关放射能相关的知识学习,因此不了解放射能、核裂变与核泄漏有关的科学知识[2]。所以,当灾难发生之后,不仅居住在福岛县附近的居民们产生了恐慌,而且在距离福岛县200千米之外的东京的人民都忧心忡忡。看着NHK电视台24小时滚动式报道灾情的节目里手持福岛核电站反应堆剖析图纸、满口专业术语的专家们滔滔不绝的同时,人们都在疑问:什么是放射能和半衰

---

[1] 石国进.公共突发事件应对中的科学传播机制研究.科技进步与对策,2009,26(14):24.
[2] Hideo Nitta, et al. Fukushima Nuclear Accident and Science Literacy. International Conference on Physics Education, Mexico, 2011.

期？sievert 是什么？becquerel 又是什么？多少数值以内的放射能是安全的？自来水还能喝吗？人们对于相关的科学知识一无所知，加上科学家们"公说公有理，婆说婆有理"，人们心中的疑云依旧挥之不去，于是福岛核泄漏之后的几天，离福岛较远的东京地区的商店里货架上的纯净水都被抢购一空。与此同时，被疏散到附近各个县的福岛县灾区学生都被当地学生们所疏远，因为学生们害怕来自灾区的学生们身上所携带的核辐射"辐射"到自己。因此，为了培育国民有关放射能相关知识的科学素养，进行理科的教育改革至关重要。

总之，科学素养是在公共突发事件中客观把握事态、冷静采取应对措施的利器。如果每个公民都能够凭借自己科学素养的积淀，积极有效地收集相关科学信息与知识，并做出自己的正确判断，其有用性就会得到更好的发挥。无论是来者不拒地接受还是无客观根据地怀疑一切信息来源都是不恰当的，公众应该树立"有效运用作为突发灾害中现状分析的判断材料之一的科学信息与知识"的观念。

第四节 经验与教训

按照英国威尔卡姆托管会（Wellcome Trust）的观点，科学传播是某些部门或群体之间进行的以受众群体的科学素养提高为目标而进行的实践活动。因此，如果从角色和任务上来进行区分，我们可以认为科学传播的两大基本要素包括"传播者群体"和"受众群体"。在应急条件下，科学传播的基本要素主要包括进行科学传播的科学家群体（scientists community）、政府（government）、媒体从业者（media）以及受众群体，即公众（public）。

下面我们将从社会中科学传播的几大基本要素的不同角度，来阐述我们通过考察日本处理公共突发灾害事件的过程所能得到的一些经验和教训。

首先，从"政府的角色"这一视角来说，应对突发公共事件需要社会几大基本要素的共同参与，更需要一个强有力的指挥中心来进行科学合理的调度与处理。在一个制度合理与体制健全的社会里，政府成为整个事件中的指挥核心与灵魂，履行强有力的政府职能。政府作为社会中的行政要素，维持着整个对于安全和健康相关科学知识传播的有效运行。在科学传播过程中，尽管同时存在着较明显的科学共同体与其他传播者之间的互动，但它们之间的具体交流方式与内容全部来自政府的统一安排与管理。在一个制度合理与体制健全的社会里，政府应对突发公共事件的能力主要表现在科学组织、科学调度、科学救助等科学处理的措施和手段上。在应急条件下，政府应该本着公开透明的原则，通过媒介使公众及时了解众人所急需的真相。通过政府的科学传播，受众可以感受到事实真相与科学精神的魅力。政府的威信集中体现为处理应急事务的科学态度、科学精神以及科学方法上。因此，政府是应急条件下科学传播的主要组织者和实施主体[①]。

---

① 石国进.应急条件下的科学传播机制探究.中国科技论坛，2009(2)：93~96.

概括来说,政府在处理突发事件的科学传播必须坚持及时性、准确性、全面性的原则。及时性是指政府在事件发生后,以最快速度在第一时间传播公众所应该掌握的科学知识和科学防护方法,使公众可以及时采取自我救助措施,从而尽量减少因突发事件引发的公众生命安全及其财产损失;准确性是指政府用精准的语言传播科学知识,避免因语言模糊导致公众理解的偏差从而发生混乱;全面性是指政府在事件发展的每一过程中应该全天24小时不间断传播事件的处理进展,让公众对事件有全面的把握,情绪安定。

其次,从"科学家群体的角色"这一视角来说,在横跨所有科学技术领域的公共突发事件的管理中,主要强调的就是科学家和技术人员的道德[1]。但是与这种科学技术活动相关的突发事件管理方法会逐渐产生局限性。因为如果仅仅是依靠科学家的自我约束,最终会演变为依赖于每个当事人的道德。因此迫切需要进行相应的立法形式的行为规范制定。

科学共同体应该具有在应急的条件下迅速进行协商并达成一致的合力。因为往往在突发事件中急需能够应对紧急事态的科学知识,所以需要思考能够汇聚科学家所具备的能力以应对问题的有效对策。在日本,能够促使科学共同体集聚科学家的能力并以"一致的声音"(unique voice)提出建议的唯一机构是日本学术会议[2]。在我国,中国科学技术协会是科学工作者会员人数最多的民间团体组织。那么,科协应该如何团结各领域的科学家们进行群体协作,发挥在紧急状态中对政府的"谏言"功能和向公众传达准确消息的职能?这是科协的相关职能部门值得思考的问题。

再次,从"媒体的角色"这一视角来说,媒体作为信息沟通与传播的必不可少的桥梁,应该怀有在突发公共事件中进行准确、迅速、透明科学传播的强烈意识。在公众科学传播即狭义的科学传播领域,媒体作为科学与公众之间的桥梁,起着至关重要的作用。无论是从进行有效的科学知识传播的角度看,还是从促进公众与科学互动的角度看,媒体都担当着媒介的功能。媒体是公众获取及时、可靠信息,了解突发事件真相的重要窗口,同时也承担了在公共突发事件中协助政府稳定社会秩序的重要职责。与此同时,媒体在传播新闻、信息的过程中,还必须进行有意识的科学传播,主动承担提升公众科学素养的社会责任。媒体自身也应该加强科学素养,不断提高其科学传播能力。因为在媒体对科学信息进行传播时,需要将充满专业术语词汇的专门化的科学知识转译为大众所能理解的通俗易懂的信息。

美国新闻学教授詹姆士·坦卡德(James W. Tankard, Jr.)对于社会中媒体的职责与角色曾做过具体的界定:1)记者应当充分利用发表过的文章和报道来检验自己采写的内容,使其更为准确;2)记者不要为了引起读者兴趣,故意在导语中使用夸张或简化的手法,造成对科学发表的歪曲报道;3)准确的引用被采访科学家的言论,在发表前要请科学家审阅;4)记者不要自作主张地解释科学家的技术结论;5)除非得到科学家的同意,不要

---

[1] Masayasu Miyabayashi. Risk and Crisis Management and Science and Technology-Related Activities. Science Links Japan, 2011-12.
[2] 吉川弘之. 東日本大震災からの復興に関する提言. 独立行政法人科学技術振興機構研究開発戦略センター. CRDS-FY2011-SP-02,2011:21~23.

轻易使用绝对化的字眼,如:突破治愈、关键性的成就、填补空白等。可见,在突发公共事件中,媒体要想胜任其自身的工作,和社会中其他几大要素的紧密合作必不可少。

最后,从"公众的角色"这一视角来说,社会公众是感性的与无意识的群体,但"不能绝对地说,群体没有理性或不受理性的影响"[1]。突发环境污染事件的不可预知性,使其在发生之时就引起了公众对事件相关科学知识的极度渴望,因为这些科学知识有助于预防环境污染所造成的人身与财产侵害。如果公众不能得到科学知识的及时传播,必然会陷入普遍的恐惧之中。公众需要及时获得准确的处理突发环境污染事件的科学方法,从科学上理解与配合政府采取的相关应急政策与措施。并且,公众需要科学知识与科学方法来行使处理突发环境污染事件的民主权利:只有相关环境污染知识与处理方法的有效获取才能使公众在突发环境污染事件中充分行使表达权、知情权、参与权、监督权(即上文中所提及的对话模型),从而纠正和监督决策者对突发环境污染事件非科学甚至反科学的处理。

突发公共事件在某种程度上来讲,是使公众对于应急状态下,对于自身必须掌握的相关科学知识从"被动关注"转为"主动吸收"的一个时期。在常态社会中,人们知道科学的存在,也习惯了科学在生活中的存在,故而对科学传播往往采取"视而不见"的忽视态度。然而,一旦发生与科学的负面作用相关的公共事件,人们便会立刻结合自身的经历去迅速关注科学,并努力参与并理解科学。

其实,科学传播过程中,公众不仅需要具备一定的科学知识来指导其行为模式,更需要建立一种科学精神来认知世界、指导实践。内涵包括了"求真、理性、批判、平等与协助"[2]的科学精神的建立能够帮助公众对今天洪大的信息流具有理性批判和分析能力,建立正确的危机观。面对突发公共事件,公众需要具备科学精神以对危机有一定的分析、把握和应对能力。从长期视角来看,在突发公共事件中,科学精神的传播能有助于人们认知能力的不断提升[3]。因此可以说,要想提高公民的科学素养,不仅仅是让其掌握必要的科学知识,培养其基本的生活态度、思维方式以及以科学精神指导下的价值取向同样重要。这样在遇到突发问题的时候,他们就能够用探究的方式来对待问题,然后运用科学的态度,调动自身所有的知识储备来独立解决问题。

纵观公共突发事件中科学传播的特点我们可以发现,尽管同时存在担任行政角色的政府,与担任科学家共同体角色的科学研究人员的传播群体内部的互动交流,但是从总体上看,传播群体对受众的单向科学传播仍然占据主导地位。具有传统科学普及的特点,又有自身传播特色的应对公共突发事件条件下的科学传播,能够使受众以最快的速度接受科学知识,提高其科学素养,对科学有更直接、更深入的理解。对该条件下科学传播机制的充分认识,能够有效提升我们应对未来预知的公共突发事件之风险的能力。与此同时,这一特殊情形下的科学传播,也有长远角度的促进公众理解科学并参与科学,以及提升公众科学素养的重要意义。

---

[1] 古斯塔夫·勒庞.乌合之众——大众心理研究.冯克利译.桂林:广西师范大学出版社,2007:79.
[2] 颜家安.论科学精神及其传播.科学中国人,1997(7):38.
[3] 赵士林.突发事件与媒体报道.上海:复旦大学出版社,2006:14.

结束语: 历史特征与当代启示

明治维新以来,通过对海外先进思想理论的借鉴与改造应用,日本逐渐走出一条具有本国特色的国民科学素养培育发展之路。本书从历时的角度,结合各时期具体语境,对日本的整部科学素养发展史进行综合考察,有以下结论:

第一节 日本国民科学素养培育的历时特征

表1 本书总结的日本国民科学素养培育历时特征

历史分期	科学素养培育相关关键词	时代特征
1868—1950s	明治維新、岩倉使節団、教育の不平等(「四民」)、文明開化、「学制」、科学啓蒙、海外からの理科教育に関して新思想、実業教育、学術体制の刷新、理科教育振興法	S&T pragmatism 科学技術の実用主義 (科学技術的实用主义)
1960s—1970s	国民所得倍増計画、米国SCISと理科教育、生産活動と日常生活への科学技術の普及、水俣病	S&T popularization 科学技術の普及啓発 (科学技術的普及与启发)
1980s—1990s	科学技術基本法、第1期科学技術基本計画、理科離れ、科学技術理解増進、「平成5年版科学技術白書—若者と科学技術—」、米国「プロジェクト2061」の全体像の把握	Public understanding of S&T 科学技術に対する 理解増進 (科学技術的理解增进)
21世纪	第2·3·4期科学技術基本計画、社会における科学·社会のための科学、「科学技術の智」プロジェクト、21世紀科学リテラシー像、JST「科学コミュニケーションの推進」事業、「科学技術理解増進と科学コミュニケーションの活性化について」、「平成16年版科学技術白書—これからの科学技術と社会—」、3.11東日本大震災	Public participation of S&T 科学技術と社会: 対話、交流、参与 (科学技術与社会之间的 对话、交流与参与)

注: S&T=Science and Technology

本书对日本自明治维新以来的国民科学素养历程做了全面考察,并首创性地将其划分为四个阶段并总结出各个阶段的不同特征,见表1:

由此可见,日本的国民科学素养的培育历程是密切配合当时的社会语境而发展的,并且每一阶段的发展都与其上一阶段与下一阶段紧密相连,环环相扣。

第二节　日本科学素养培育史是一部亲美的借鉴史

从对于日本自明治维新开始的整个科学素养培育历程的历时考察中我们可以发现，日本的整个科学素养培育历程本质上就是一部"亲美的借鉴史"，见表2。从明治维新时期起，日本引进美国当时国内正当红的"实用主义流派思想"来发展自身的实业经济，发展了本国的"科学技术的实用主义"；19世纪60、70年代，日本从美国正式引入"科学素养"之概念，并参考美国的SCIS课程改革经验，对本国的理科教育课程进行改革；20世纪80、90年代，美国科学促进会的"2061计划"所推出的一系列报告掀起了日本国内关于"科学素养"的讨论热潮；到了21世纪，日本学术会议正式推出本国首部"国民科学素养培育框架性指导纲领"——《科学技术的智慧》计划。《科学技术的智慧》计划借鉴美国的"2061计划"的理念，又名"2030计划"。

表2　日本国民科学素养培育的"亲美"借鉴历程

时期阶段	主要借鉴内容
1868—1950s	美国实用主义流派的思想精神；理科教育的思想理念
1960s—1970s	美国SCIS课程；"scientific literacy"概念的引进
1980s—1990s	AAAS"2061计划"的一系列报告；《全美科学教育标准》
21世纪	AAAS"2061计划"之《为了所有美国人的科学》报告书

日本不但懂得引进、吸收美国的科学素养的相关内容，还懂得要将移植入本国的东西加以消化，然后据此创造出自己具有本土特色的东西来。也就是说，日本对美国的科学素养相关先进论点和理念的吸收并不是呈直线进行的，而是呈曲线路径。他们先是开放吸收，然后吸收到一定程度，便关闭起来消化吸收。这表现在日本对于美国科学素养的相关理论的引进路径上是一种"引进→消化→改造"的路线模式，循环往复，生生不息。

与此同时，日本还借鉴了美国对于科学素养的研究方法论与组织论，即美国集中众多研究者一起进行研究的"群体组织型"研究模式。20世纪70年代以前，日本的科学素养相关研究基本都以个人对于美国相关理论的研究为主。到20世纪70、80年代的时候，美国的科学素养相关研究开始以AAAS、NSTA等团体的大规模的研究者群体组织为中心而展开。于是日本立即认识到以跨学科的视野进行人力资源体系化整合，从而建立有机的科学素养研究系统的必要性。21世纪日本的国民科学素养框架体系"2030计划"即是对于美国的最好参照：以日本学术会议青少年科学力增进特别委员会委员长北原和夫教授为首的150名活跃于各个学术领域的科学家，组成了庞大有序的研究系统，共同对于日本科学素养具体内容的设定进行探讨和研究。

综上所述，日本是一个非常善于借鉴他国长处的民族。自明治维新至21世纪的这一百多年中,日本对美国的哲学思潮、教育理论、科学素养相关理论及其发展经验,只要是觉得对自己有用的,无一例外全部取之为己用。借鉴别国的经验与教训的确是非常明智的做法,也的确可以少走不少弯路。然而,消极作用也是不可避免的。这也就从一个侧面解释了,为什么日本在明治维新至21世纪初这一百多年的经济不断发展和国力日益强盛的社会语境中却没有造就自己的哲学思想大家,因为他们只是一味地热衷于借鉴参考别国的已有成就并加以引用和改造,却没有多少自己原创性的东西。步入21世纪的日本也注意到了这一点,并开始强调"创新"(イノベーションの創出)的重要性。

第三节 日本理科教育的主要特征

在日本,政府进行的是全方位的、针对不同人群的[①]。日本将中小学的理科教育明确划归入国民科学素养培育事业之中,并且加以特别重视,因为青少年是国家未来的希望。日本在随时向美国吸取先进的课程改革经验的同时,不断修订或更改本国的理科教育政策及其教学大纲,以求更好适应不同时期的发展需求。

纵观日本理科教育的发展历程,我们可以总结出如下几点主要特征:

首先,从理科教育的目标和内容层次上来看,日本的"小学→初中→高中"的教学目标具有一致性;而且它们的教学内容环环相扣,在学校教育的不同层次,对学生有着不同的学习要求。体现着从低年级向高年级的"由浅入深"的动态过程。

其次,从理科教育的方式来看,日本的理科教育既重视对于学生的实践性培养,又重视理论性培养,并且使二者有机结合来使得学生更好地掌握理科知识。中小学中既设有《综合理科》课程,又设有分科课程,并使二者有机结合起来。

最后,就理科课程内容而言,日本的理科教育重视科学的基本理论与概念的教学并将其与生活实际相联系,使得理科学习"生活化",学生们"从生活中学习"。从STS的观点来看,就是加强理科课程同社会的联系。

第四节 日本国民科学素养培育的未来展望

日本的科学素养培育的相关理念一直以来都是随着时代的发展而发展。作为一个资源贫乏、频发自然灾害的东亚小国,日本政府一直以来都有着"防患于未然"的强烈危机感。而这一危机感对于不同时代科学素养培育的相关理念有着直接的影响。在漫长的历时发展过程中,日本政府一直以追求经济发展与国力强盛为目标。而为了更好更快地达到目标,不同时代则有着培育国民相关科学素养的不同需要,而日本国某一特定时期科学

[①] 主要分为两大人群:"社会中的普通民众"与"中小学在校学生",分别给予的科学素养培育方式即:科学教育与理科教育。

素养培育的相关理念的发展恰恰都适应了当时的需要。

在知识经济时代的 21 世纪，日本政府大力提倡"创新"这一理念。而"创新"理念的灵魂在于科学技术人才的培育。日本政府意识到，不仅需要培养国民掌握科学技术知识的能力，而且要增加科学技术与社会之间的交流与互动，这是创新之源泉。与此同时，日本政府针对不断发展的新局面积极调整相关政策。例如在 2011 年 311 大地震发生之后，日本政府以及相关领域的学者立刻将注意力转移到灾难性突发事件中的科学素养与科学传播之上。作为日本国文部省下属具体执行国家政策的 JST 也于 2012 年 4 月正式成立了以日本前宇航员毛利卫为主任的科学传播中心，并将防灾领域的科学传播摆到了重要位置。

由此可见，未来日本的科学素养培育的相关政策与理念必定仍旧是与当时特定的语境所密切相关的，以经济发展与国力强盛为目标的。

第五节　对我国的启示

如今，我国也十分重视国民科学素养的培育。党中央国务院颁布了《全民科学素质行动计划纲要（2006—2010—2020 年）》，给我国国民科学素养的未来发展拟定了行动指南。我国公民科学素质水平与发达国家相比差距甚大。了解和吸收发达国家在国民科学素养培育历程中的成功或失败的经验教训能够给我国带来启发和参考，并更好地指导我们的未来发展。

一、中国科学素养培育分层论

日本的国民科学素养培育的一大特点是，日本政府会根据本国当时的社会发展态势及其经济发展状况而制定不同的政策与措施。因此，要全面、有效地提高我国全体国民的科学素养，首先要解决的就是各区域受众的定位问题。我国地域辽阔，各区域的经济发展严重不平衡，国民科学素养的地区差距十分明显。经济水平决定上层建筑。由于经济的发展步伐不一致，对不同区域国民科学素养的建设要求以及建设目标应因地制宜，拉开档次，针对不同区域制定不同的"具有科学素养的民众"标准。

在发达地区（东南沿海地区），如今单向的科学普及已经不能满足当地民众的要求。随着经济的繁荣发展与区域人群学历水平的提高，人们认识到科学进步与社会发展之间的紧密联系，有了参与和科学技术相关的公共事务与民主决策的要求；在一般地区（中部地区），应当重视当地人民运用科学知识解决实际问题的能力，培养其"关注科学、热爱科学"的良好态度；而在贫困地区（西部地区）则应关注当地人民的识字读写能力，扫除文盲，进行生活中必备科学知识的普及，以提高当地人民的生活质量，同时消除迷信和伪科学见图 1。

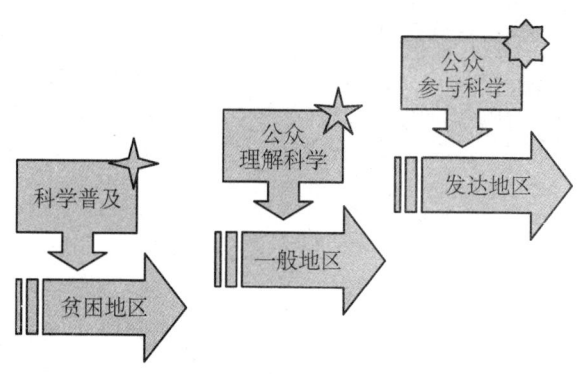

图 1 我国的共时科学素养培育分层

二、企业界的责任意识

在日本国民科学素养培育的历史进程中,不仅有政府所颁布各种政策与措施的促进与支持,同时也少不了社会中产业界对于国民科学素养培育活动的积极参与与大力支持。日本的企业都具有强烈的社会责任感。日立、索尼、松下、东芝等财团都纷纷特设 CSR 事业。作为企业文化中不可或缺的部分之一,各大财团的 CSR 事业对日本国民的科学素养培育,尤其是对于青少年的理科教育事业提供了强有力的援助。企业 CSR 通过为全体国民,特别是中小学生(一般的规则为,成人收取较低入场费,中小学生免费入场)提供先端技术的科学实践场所、邀请知名的科学研究者来举办面向全体国民的科学论坛,以及向中小学校提供理科教育的助学金等多种形式支持国民科学素养事业的大力支持,对促进国民科学素养的提高起到了极好的促进作用。

在我国,国民科学素养事业主要为官方主导,很少有企业能具有社会责任意识并且组织、参与国民科学素养提升事业的公益活动之中。我国的企业界应当向日本企业学习,认识到在以盈利为目标的同时,应该以可持续发展的视界来加强与社会各界的联系,体现社会科学教育的社会价值。

参考文献

1. American Association for the Advancement of Science. Science for All Americans, Oxford: Oxford University Press, 1989.
2. Sason R Baron. Assessments for great explorations in math and science. Berkeley: University of California, Lawrence Hall of Science, 1991.
3. S. P. Benjamin Shen. Science Literacy and the Public Understanding of Science, Basel: Communication of Scientific Information. Karger, 1975: 44~52.
4. Bybee W Rodger. Towards an Understanding of Scientific Literacy. Scientific Literacy: An International Symposium. Berlin: Kiel Germany, 1997.
5. Bybee W Rodger. Achieving Scientific Literacy: From Purposes to Practices. Heinemann. 1997.
6. Bybee W Rodger, *et al*. Science and technology education for the elementary years: frameworks for curriculum and instruction. Andover. MA: The NETWORK Inc, 1989.
7. Ellis and Jeffrey Fouts. Research on Educational Innovations, 1997: 165.
8. George DeBoer. A history of ideas in science education. New York: Teachers College Press, 1991.
9. Gerard Fourez. Scientific and Technological Literacy as a Social Practice. Social Studies of Science, 1997. 27(6): 903~936.
10. Hideo Nitta, *et al*. Fukushima Nuclear Accident and Science Literacy. Mexico: International Conference on Physics Education, 2011.
11. Paul DeHart Hurd: Scientific Literacy. New Minds for a Changing World. Science Education, 1998, 82: 407~416.
12. Isaac Asimov. Science and the Public. Nature, Vol. 121, 1984: 18.
13. John Durant. Public understanding of science in Britain: the role of medicine in the popular representation of science. Public Understanding of Science, 1992, 1(2): 161~182.
14. Robert Karplus, *et al*. A New Look at Elementary School Science Curriculum Improvement Study. Chicago: Rand McNally and Co. Chicago, 1967.
15. Kevin Crowley. Scientists in Response to Fukushima: A U. S. Perspective.「東京電力福

島原子力発電所事故への科學者の役割と責任について」シンポジウム. 2011-11-26.
16. Michael Shortland. Advocating Science: Literacy and Public Understanding. Impact of Science on Society, 1988.
17. Masayasu Miyabayashi. Risk and Crisis Management and Science and Technology-Related Activities. Science Links Japan, 2011-12.
18. Victor J Mayer. Global Science Literacy. Dordrecht: Kluwer Academic Publishers, 2000.
19. Jon D Miller. Civic scientific literacy: A necessity in the 21st century. FAS Public Interest Report. 1/2.
20. Jon D Miller. Scientific Literacy: A Conceptual and Empirical Review. Daedalus, 1983, 112(2): 29~48.
21. Morris Shamos. The myth of scientific literacy. New Jersey: Rutgers University Press, 1995.
22. Office of Science and Technology and The Wellcome Trust: Science and the Public. A Review of Science Communication and Public Attitudes to Science in Britain. The Welcome Trust, 2000.
23. Milton O. Pella, *et al*. Referents to Scientific Literacy. Journal of Research in Science Teaching. Vol. 4, 1966: 199~208.
24. (POST)OPEN CHANNELS: Public dialogue in science and technology, 2001.
25. Royal Society. The Public Understanding of Science, London: Royal Society, 1985.
26. F. James Rutherford & Andrew Ahlgren. : Science for all Americans. New York: Oxford University Press, 1990.
27. Science and Society. The Third Report, 2000.
28. Trefil, James. Why Science? New York: Teachers College Press, 2007: 224.
29. Ulrich Beck. Risk Society: Toward a New Modernity. London: Sage Publications, 1992.
30. Ulrich Beck. World Risk Society. Malden: Polity Press, 1999: 52.
31. Walter Bodmer. The Public Understanding of Science. London: Royal Society, 1985.
32. Walter Lippmann. Public Opinion, 1922.
33. アウトリーチ活動本格化. 科学新聞, 2004-12-17.
34. 安間武. 水俣病と日本の水銀問題. 化学物質問題市民研究会, 2010-6.
35. 北原和夫・研究代表者. 平成18年度科学技術振興調整費「重要政策課題への機動的対応の推進」日本人が身に付けるべき科学技術の基礎的素養に関する調査研究. 日本学術会議, 2006.
36. 北原和夫, 等. 21世纪を豊かに生きるための「科学技術の智」. 日本学术会议・科学力増進分科会, 2008.

37. 北原和夫.「科学技術の智」プロジェクトの目指すもの. 学術の動向, 2009(4): 8~13.
38. 北原和夫, 等. 科学技術の智プロジェクト総合報告書东京: 日本学术会议・科学力増進分科会, 2008: 209.
39. 北原和夫.「科学技術の智」各专门部会报告书.「科学技術の智」プロジェクト, 2010.
40. 北原和夫, 等.「科学技術の智」综合报告书(订正版).「科学技術の智」プロジェクト, 2010.
41. 长洲南海男. アメリカの理科教育—危機から卓越性の追及へ—. 理科の教育, 1987, 36(8): 517~522.
42. 长洲南海男. 新しい小学校理科教育の特質—英米の動向と日本の改訂学習指導要領—. 科学教育研究, 1989, 13(1): 3~9.
43. 长洲南海男. 生物学的リテラシー. 高度科学技術社会に必要な科学・技術リテラシーの育成の基礎的研究, 1993: 43~52.
44. 长洲南海男. 米国の戦後最大の科学教育改革運動—その理念と実際. 理科の教育, 1994, 43(1): 8~11.
45. 长洲南海男. 新しい科学リテラシー論に基づく科学教育改革の基礎—新旧科学観、技術観と新旧科学リテラシー論比較を基に—. 新しい科学リテラシー論に基づく科学教育改革の基礎研究, 2002: 1~10.
46. 川胜博. 何のために全ての人々に科学リテラシーが必要か. 学術の動向, 2009: 14(4).
47. 川胜博. すべての人々にとって科学リテラシーとは. 理科教室, 2010(1): 6~13.
48. 次世代の科学力を育てるために. 东京: 日本学术会议・若者の科学力増進特别委员会, 2005.
49. 春亩公追颂会编. 伊藤博文傳. 福冈: 統正社, 1944: 595.
50. 大木道则. 科学・技術リテラシーの育成に関する考察. 高度科学技術社会に必要な科学・技術リテラシーの育成の基礎的研究, 1993: 1~6.
51. 大久保利谦. 岩倉使節の研究. 東京: 宗高書房, 1976: 161~162.
52. 大桥秀雄. 現行低学年理科の問題点. 理科の教育, 1975: 166~169.
53. 大桥秀雄. 発展のための科学・技術に関する国際会議教育・訓練の重要性. 科学教育研究レター, 1979, 16(12): 3.
54. 大田尧著. 战后日本教育史. 王智新译. 北京: 教育科学出版社, 1993.
55. 渡边政隆, 今井宽. 科学技術理解増進と科学コミュニケーションの活性化について(調査資料100). 文部科学省科学技術政策研究所, 2003: 51~53.
56. 渡边政隆. サイエンスコミュニケーションのコンテクストとしての科学リテラシー. 学術の動向, 2009(4): 44~47.
57. 芳贺彻. 明治維新と日本人. 東京: 講談社. 学术文庫, 1980: 236.
58. 冈邦雄. 唯物論と自然科学-第一評論集-. 東京: 叢文閣, 1935: 302~305.

59. 宮原誠一. 資料日本現代教育史. 東京：三省堂, 1974：338.
60. 国立教育政策研究所. 科学技術リテラシー構築のための調査研究, 2006.
61. 鶴岡義彦. Scientific Literacy について―米国科学教育の動向に関する一考察―. 筑波大学教育学研究収録. 第 2 集, 1979：159~168.
62. 鶴岡義彦. 理科教育現代史における STS. 理科の教育. 1993, 42(11)：732~736.
63. 胡継渊, 张克裘. 日本, 美国科学教育的撷谈和启示. 外国中小学教育, 2001(4)：17~20.
64. 吉川弘之. 東日本大震災からの復興に関する提言. 独立行政法人科学技術振興機構研究開発戦略センター. CRDS－FY2011－SP－02, 2011：21~23.
65. 今栄国晴. 高度科学技術社会に必要な科学・技術リテラシーの育成の基礎的研究, 1993：13~20.
66. 金森修, 等. 理科教育諸問題に関する科学論的考察. 学校教育高度化センター研究プロジェクト研究報告会.
67. 久米邦武. 美欧回覽实记(第一卷). 東京：岩波書店, 1978：163.
68. 堀七藏. 日本の理科教育史. 東京：福村書店, 1961.
69. 科学技術政策史研究会. 日本の科学技術政策史. 東京：未踏科学技術協会, 1990.
70. 科学技術会議. 第 5 号答申――1970 年代における科学技術政策の基本について, 1971.
71. 科学技術振興機構研究開発戦略センター編. 科学技術と社会――20 世紀から 21 世紀への変容. 丸善プラネット株式会社, 2006.
72. 科学技術会議. 諮問第 20 号「科学技術系人材の確保に関する基本指針について」に対する答申, 1994：12.
73. 科学技術理解増進検討会. 科学技術理解増進検討会からの提言―伝える人の重要性に着目して―, 1998.
74. 科学技術理解増進に係るデータ集(科学技術理解増進政策に関する懇談会第 1 回資料 4)。
75. 科学技術学術審議会基本計画特別委員会. 我が国の中長期を展望した科学技術の総合戦略に向けて, 2009.
76. 科学技術政策研究所. 日・米・英における国民の科学技術に関する意識の比較分析―インターネットを利用した比較調査―, 2011.
77. 科学技術振興機構理科教育支援センター. 平成 20 年度小学校理科教育実態調査及び中学校理科教師実態調査に関する報告書(改訂版), 2011：11.
78. 「コミュニケーションデザイン・センター設立趣旨」http://www.osaka-u.ac.jp/jp/saishin/ponchi.pdf.
79. 马场錬成. 日本社会の科学リテラシー. 学術の動向, 2009(4)：20.
80. 梅根悟監修. 世界教育史大系Ⅰ. 東京：講談社. 1978：187~188, 189~190.
81. 毎日新聞科学環境部. 理系白書―この国を静かに支える人たち―. 東京：講談社,

2003:14.
82. 明治天皇. 御誓文之御寫. 明治文化研究会. 明治文化全集：第1巻皇室篇. 東京：日本評論社,1992：68.
83. 木村舍雄. 次期教育課程に向けての要望. 科学教育研究,1997,21(4)：259.
84. オルテガ・イ・ガセット. 大衆の反逆. 東京：筑摩書房,1995：6.
85. 平田光司. 科学における社会リテラシーとは. 科学における社会リテラシー：総合研究大学院大学湘南レクチャー(2003)講義録 1. 総合研究大学院大学教育研究交流センター,2004：3～25.
86. 浦野弘. リテラシーをふまえた気象の学習の枠組み. 日本科学教育学会研究会研究報告,1994,8(6)：41～44.
87. 浅見雅男. 華族誕生——名誉と体面の明治. 東京：中公文庫,1999.
88. 千田稔. 華族総覧. 東京：講談社,2009.
89. 清水欽也. 我が国の理科カリキュラム改訂による一般成人の科学技術理解に対する効果——コーホート分析による「理科離れ」及び「学力低下」の検証——. 科学教育研究,2004,28(3)：166～174.
90. 人見久城. アメリカのプロジェクト2061におけるカリキュラム構成の考え方. 理科の教育,1997,46(3)：152～155.
91. 人見久城. アメリカのプロジェクト2061におけるベンチマークについて. 日本科学教育学会研究会研究報告,1997,11(5)：43～46.
92. 人見久城. アメリカ科学教育界におけるカリキュラム改革の共通項. 日本科学教育学科意見休会研究報告,1999,13(4)：27～32.
93. 日本科学史学会編. 日本科学技術史大系第八巻——教育. 第一法規出版株式会社,1966.
94. 日本科技庁. 我が国の研究の実態に関する調査報告,1995.
95. 日本総務庁統計局. 科学技術研究調査報告,1995.
96. 日本学校理科研究会. 現代理科教育学講座(2). 東京：明治図書,1986.
97. 戎崎俊一. 科学者の"科学離れ". 科学,2000,70(10)：798～790.
98. 三島重義. アメリカの科学教育における言語の取扱い. S53年度大橋班研究報告書広島グループ代表者木村仁泰. 科学教育における概念形成と言語表現,1979：79～98.
99. 三宅征夫. 科学的リテラシー概念の変遷と科学的リテラシーの要素. 高度科学技術社会に必要な科学・技術リテラシーの育成の基礎的研究,1993：7～12.
100. 森島通夫著. 日本为什么"成功". 胡国成译. 成都：四川人民出版社,1986：26.
101. 森一夫. 理科はなぜ離れられてしまったのか. 科学,2000,70(10)：856～860.
102. 杉山滋郎. 科学コミュニケーション. 思想. 973号,2005：69.
103. 神戸伊三郎. 日本理科教育発達史. 東京：啓文堂,1938.
104. 市川惇信. 行政技官にみる日本社会の理系. 科学,2006,76(1)：67～75.

105. 世界科学会议. 科学と科学的知識の利用に関する世界宣言. 1999-7-1.
106. 水俣病医学研究会編. 水俣病の医学―病像に関するQ&A. ぎょうせい, 1995.
107. 松島栄一. 明治史論集（一）. 東京：筑摩書房, 1965：152.
108. 松原静郎, 篠田宣道, 阪路裕. 理科嫌いと科学的リテラシー―2,3の調査結果から―. 日本科学教育学会研究会研究報告, 1994, 8(5)：23～26.
109. 畑山専太郎. 征韓論実相. 楚南拾遺社, 1909：231.
110. 汤浅光朝. 日本科学技術100年史. 東京：中央公論社, 1984.
111. 土屋乔雄. 明治前期經濟史研究（第一卷）. 東京：日本評論社, 1944：37.
112. 尾身幸次. 科学技術立国論. 東京：読売新聞社, 1996.
113. 文部科学省. 日本的成长和教育――教育发展与经济发展. 帝国地方行政学会, 1962：170～171.
114. 文部科学省. 科学技術白書. 历年.
115. 文部科学省科学技術政策研究所第2調査研究グループ. 科学技術理解増進と科学コミュニケーションの活性化について, 2003：53.
116. 細井克彦. 戦後日本高等教育行政研究. 東京：風間書房, 2003：347.
117. 下条隆嗣, 山田隆一, 坂田貴史, 胜山茂. 科学の統合化と科学・技術・社会の関連強化をふまえた科学技術教育のあり方. 日本科学教育学会年会論文集, 1994：1～2.
118. 小川正賢.「理科」の再発見―異文化としての西洋科学―. 農山村文化協会, 1998：33～50.
119. 小林信一.「文明社会の野蛮人」仮説―科学技術と文化・社会の相関をめぐって―. 研究・技術・計画, 1991, 16(4)：247～260.
120. 小林昭三. 学力低下問題と日本の教育・教員養成. 日本の科学者, 2001, 36(3)：111～115.
121. 小泉英明, 秋田喜代美, 山田敏之（ソニー教育財団）. 幼児期に育つ科学する心. 東京：小学館, 2006.
122. 小田部雄次. 華族―近代日本貴族の虚像と実像. 東京：中央公論新社, 2006.
123. 熊本大学医学部水俣病研究班. 水俣病―有機水銀中毒に関する研究―. 非売品, 1966.
124. 熊野善介. 科学的リテラシーの再検討と日本の文脈での再構築―全米科学教育スタンダードとPISAの科学リテラシーの比較とその後の論文を基盤として―. 新しい科学リテラシー論に基づく科学教育改革の基礎研究, 2002：40～51,
125. 野上智行. 第1章 アメリカ合衆国. 学校理科研究会編『世界の理科教育』. みずうみ書房, 1982：59.
126. 永山国昭, 佐藤年緒. 理科が苦手な先生の心をどうつかむか. 学術の動向, 2009(4)：53.
127. 永田英治. 日本理科教材史. 東京：東京法令出版株式会社, 1994.

128. 远山茂树. 思想. 明六雑誌, 1961: 447.
129. 原田正纯. 水俣病. 東京: 岩波書店, 1972.
130. 岩村秀ほか. 若者の理科離れを考える. 放送大学教育振興会, 2004.
131. 佐仓统. 科学技術コミュニケーションの現状と課題. 情報学研究: 東京大学大学院情報学璟紀要, 2005, 69(3): 223.
132. 佐藤年绪. 環境問題に迫る. 科学ジャーナリジムの世界. 京都: 化学同人, 2004: 178~189.
133. 阿尔贝·雅卡尔. 科学的灾难?一个遗传学家的困惑. 阎雪梅译. 桂林: 广西师范大学出版社, 2004: 218.
134. 北京市科委, 北京市人事局, 北京市美兰德信息公司联合调查组. 北京市公务员科学素养调查. 北京科技报, 2000-09-11.
135. 陈宝堂. 日本教育的历史与现状. 北京: 中国科学技术大学出版社, 2004: 42~44.
136. 陈发俊, 史玉民, 徐飞. 美国米勒公民科学素养测评指标体系的形成与演变. 科普研究, 2009(4): 41~42.
137. 陈颖健. 人才·科技: 战后日本经济高速发展的首动力. 中国科技信息, 1997(1).
138. 陈永明. 中日教育比较与展望. 北京: 高等教育出版社, 2003.
139. 程东红. 关于科学素质概念的几点讨论. 科普研究, 2007(3): 6.
140. 崔万有, 季风. 日本科学技术创造立国战略对我国的启示. 高科技与产业化, 2007(3): 92.
141. 冯昭奎, 张可喜. 科学技术与日本社会. 西安: 陕西人民教育出版社, 1997.
142. 郭贵春. 语境与后现代科学哲学的发展. 北京: 科学出版社, 2002: 541.
143. 国家教委情报研究室编. 今日日本教育改革. 北京: 北京工业大学出版社, 1988.
144. 国务院. 全民科学素质行动计划纲要(2006—2010—2020). 北京: 人民出版社, 2006: 1~13.
145. 古斯塔夫·勒庞著. 乌合之众——大众心理研究. 冯克利译. 桂林: 广西师范大学出版社, 2007: 79.
146. 黄华新, 俞国女. 社会语境中的科学传播. 科学学研究, 2004, 22(4): 345~348.
147. 家永三郎著. 日本文化史. 刘绩生译. 北京: 商务印书馆, 1992: 199.
148. 菅野礼司, 等著. 日本科技教育与政策发展述评. 张明国译. 辽宁师范大学学报(社科版), 1994: 32.
149. 金京泽. 日本理科教育的新动向. 课程·教材·教法, 2003(11): 75~78.
150. 井上清. 日本历史. 天津: 天津人民出版社. 1975.
151. 李大光, 等. 对日本核泄露引发的社会现象的思考. 科普研究, 2011, 6(3): 57~61.
152. 李建民. 战后日本科技政策演变: 历史经验与启示. 现代日本经济, 2009(4): 47.
153. 李玉芳. 二战后日本中小学的科学技术教育. 教学与管理, 2005(12): 78~80.
154. 梁忠义主编. 战后日本教育. 长春: 吉林教育出版社, 1988: 12.
155. 廖宗明. 战后日本加强基础科技教育的政策和措施. 高等教育研究, 2006, (22)3: 6~

10.

156. 欧阳钟仁. 科学教育概论. 台北：台湾五南图书出版公司, 1998：112.

157. 乔恩·哈利戴. 日本资本主义政治史. 吴忆萱等译. 北京：商务印书馆, 1980：56.

158. 瞿葆奎. 日本教育改革. 北京：人民教育出版社, 1991：3.

159. 任定成.《全民科学素质行动计划纲要》解读. 科普研究, 2006(1)：19.

160. 石国进. 公共突发事件应对中的科学传播机制研究. 科技进步与对策, 2009, 26(14)：24.

161. 石国进. 应急条件下的科学传播机制探究. 中国科技论坛, 2009(2)：93~96.

162. 万兴旺, 赵乐, 等. 英国科技社团在科学传播和科学教育中的作用及启示. 学会, 2009(4)：18.

163. 吴国盛. 从科学普及到科学传播. 科技日报, 2000-11-9.

164. 吴廷俊, 夏长勇. 对我国公共危机传播的历史回顾与现状分析. 今传媒, 2010(8)：26.

165. 许晓光. 论明治维新前后日本洋学兴盛的社会条件. 四川师范大学学报, 2008(3)：126~132.

166. 许志晋, 毛宝铭. 风险社会中的科学传播. 科学学研究, 2005, 23(4)：439.

167. 杨健. 从日本核泄漏谈公共危机与应急管理. 中国科学院院刊, 2011-12-8.

168. 颜家安. 论科学精神及其传播. 科学中国人, 1997(7)：38.

169. 赵士林. 突发事件与媒体报道. 上海：复旦大学出版社, 2006, 14.

170. 郑长龙, 林长春, 陈耀亭. 日本理科教育发展史略. 中学化学教学参考, 2006(5)：1~6.

171. 郑彭年. 日本崛起的历史考察. 北京：人民出版社, 2007：334~337.

172. 翟杰全, 杨志坚. 对"科学传播"概念的若干分析. 北京理工大学学报（社会科学版）, 2002, 4(3)：89.

173. 中国科学技术协会中国公众科学素养调查课题组编. 2010年中国公民科学素养调查报告. 北京：科学普及出版社, 2011.

174. 中国科学技术协会国际联络部. 国别研究报告（日本篇）. 中国科学技术协会, 2007：15.

175. 中曾根康弘. 日本二十一世纪的国家战略. 海南：海南出版社, 2004.

176. 周庆安. 从福岛核事故看国际危机传播困境. 对外传播, 2011(5)：14.

附录

日本科学素养培育发展大事年表

年份	大事
1868 年	明治维新开始
1871 年	岩仓使节团西洋之行
1872 年	文部省颁布《学制》
1877 年	东京大学成立,设置理、法、文、医四个学部;教育博物馆开馆
1879 年	废除《学制》,颁布《教育令》,根据不同地域制定不同理科教程的科目
1881 年	文部省制定《中学教育规则大纲》
1882 年	文部省制定《医科学校通则》和《药科学校通则》
1883 年	实施教科书认可制度;大日本教育会创立;文部省制定《农科学校通则》
1884 年	文部省制定《中等学校通则》
1949 年	汤川秀树获日本首个诺贝尔奖(物理学)
1953 年	《理科教育振兴法》公布 理科教育审议会发布《关于设置理科教育中心的建议》
1954 年	定每年的 4 月 18 日为"发明之日" 文部省"理科教育设备整备费补助金"专项经费的设立
1956 年	日本政府设置"科学技术厅"
1957 年	日本科学技术情报中心成立
1959 年	开始"科学技术功劳者"的表彰 日本学术会议《科学者生活白书》颁布
1960 年	制定"科学技术周" 4.18—4.24 第一回科学技术周实施 9.1 "防灾之日"主题开始 财团法人日本科学技术振兴财团的设立
1961 年	科学技术厅对文部省提出关于如何培养科学技术人员的公告
1964 年	总理府设置"研究学园都市建设推进本部" 10.26 原子力之日 财团法人日本科学技术振兴财团下属科学技术馆与电视台(东京 12 频道)开设。

(续表)

年份	大 事
1970 年	《筑波研究学园都市建设法》成立 3.14 日大阪万国博览会开幕
1972 年	首次《环境白书》发表
1973 年	首次《能源白书》发表 文部科学省与联合国联合设置"联合国大学"
1976 年	科学技术会议汇报了《关于和国民生活密切关联的研究开发目标的意见》以及《关于推进能源科学技术的意见》 日本科学技术信息中心、JOIS-I online 信息检索服务开始 科学技术会议《科学技术意识调查》开始
1978 年	科学技术厅研究交流中心业务开始 科学技术会议汇报了《关于地区性科学技术活动推进的有关意见》 科学技术信息活动座谈会"关于科学技术信息活动推广的相关意见"汇总
1981 年	科学技术会议《科学技术振兴调整费活用的基本方针》确定 科学技术振兴调整费创设
1982 年	年度科学技术白书《寻求具有丰富创造精神的科学技术》
1985 年	国际科学技术博览会(筑波)
1986 年	学术信息中心设立 《研究交流促进法》成立 科学技术会议汇报了《关于与长寿社会相对应的科学技术推进基本方针政策的有关意见》
1989 年	《对于科学技术的社会意识》文部科学省科学技术政策研究所(NISTEP 报告书) 《生命科学中科学与社会接点的思考》(NIRA)
1991 年	"科学交流广场"提案(NIRA) 关于建立科学技术交流中心的提案(NISTEP)
1993 年	《科学技術白書—若者と科学技術—》 《科学技術白書—若者の科学離れ—》
1995 年	"科学夏令营"开始活动 物理教育相关三学会会长对于振兴理科教育之共同声明 数学教育相关四学会对于振兴理科教育之共同声明
1996 年	第 1 期科学技术基本计划(1996—2000) "科学技术与社会"座谈会(科学技术厅) 科学技术振兴事业团"科学技术理解增进室"设立 《儿童科学技术白书》首度出版
1998 年	科学技术理解增进检讨会(科学技术厅)
1999 年	《科学技术与人类·社会的关系》(NISTEP)调查资料 62 号《STS 视角的研究展望》 科学技术厅科学技术理解增进检讨会的《传播者的重要性》提议 科学技术振兴事业团"科学频道"的开播

(续表)

年份	大 事
2000 年	科学技术会议的主题:《与社会一起进步的科学技术》
2001 年	第 2 期科学技术基本计划(2001—2005) 2001 年《科学与社会——可能性·学习》文部科学省科学研究费补助金(创新的基础研究费)成果报告书(海外、国内的趋势调查) 《科学技术·疏远理科的对策 Part1》(自民党科学技术·疏远理科对策小委员会) 科学技术社会论(STS)学会创立 《关于科学技术的意识调查》(NISTEP 报告书) IT 活用型科学技术与理科教育基盘整备(先进的 digital contents 开发) 日本科学未来馆开馆
2002 年	《科学技术·疏远理科的对策 Part2》(自民党科学技术·疏远理科对策小委员会) 《关于今后研究开发与人才培养等政策之合作统合的调查研究》(国立教育政策研究所与科学技术政策研究所共同研究项目组)(高等教育政策与科学技术政策的合作视角) 文部科学省《最喜欢科学技术·理科计划》开始 NISTEP 调查资料 91 号《关于科学系博物馆·科学馆中的科学技术理解增进活动》 JST"超级科学高中"计划开始
2003 年	《关于科学技术理解的增进与科学传播的活性化》(NISTEP 报告书) 第 1 回 21 世纪型科学教育的创造 Workshop
2004 年	《以科学技术与社会为视角的人才培养》科学技术·学术审议会人才委员会第三次提议(研究者培育、科学传播员培育) 《科学技术白书—今后的科学技术与社会—》(文部科学省) 国际科学技术竞赛支援 《以产业技术的理解增进为目标的产业界的责任产业技术的理解增进に向けた産業界の果たすべき役割について》(日本经济团体联合会)
2005 年	《科学技术传播扩大化的调查报告》,NISTEP 研究论文 No.39 号 《第 3 科学技术基本计划的重要政策——引领知识竞争时代的科学技术战略——(中期总结)》科学技术·学术审议会基本计划特别委员会 2005 年《以人人掌握科学技术为目标~3 个目标与 7 个要旨~》科学技术理解增进政策座谈会 科学技术振兴调整费(人才培养领域)《科学技术传播》研究项目的募集采用 《科学传播的推广》,NISTEP 报告
2006 年	第 3 期科学技术基本计划(2006—2010) PCST-9 合作赞助论坛《谈谈科学》 一年一度的 Science Agora(科学集会广场)正式启动
2007 年	JST 理科援助人员配置事业、理科学生援助计划 JST 科学传播合作推进事业(之前的地域科学教室推广事业)
2008 年	《科学技术的智慧计划》,"为了全体国民的科学素养" 未来的科学者培养讲座
2009 年	"理科教师培训据点"构筑事业开始

(续表)

年份	大事
2010 年	中学生的科学部活动的兴起
2011 年	第 4 期科学技术基本计划(2011—2015) 东北地区太平洋冲地震以及福岛核泄漏事件引起日本国内对于科学传播体制与国民科学素养掌握程度的反思 (代表：吉川弘之(2011)关于东日本大地震的复兴建议. 独立行政法人科学技术振兴机构研究开发战略中心, CRDS－FY2011－SP－02)

美国科学素养培育发展大事年表

年份	大事
1872 年	全国教育协会发起《澳滋威格计划》(Oswego Plan) "实物教学"的盛行
20 世纪初	"自然学习"(nature study)取代"实物教学"
1962 年	美国全国科学基金会的《SCIS 课程》(The Science Curriculum Improvement Study)正式启动。
1985 年	美国科学促进会(AAAS)提出跨世纪的科学教育改革计划——"2061 计划"(Project 2061)
1989 年	AAAS"2061 计划"专家组发表首部报告书《为了所有美国人的科学》(Science for All Americans)
1991 年	加州大学伯克利分校劳伦斯研究所发布《数学与科学的伟大探求》(GEMS：Great Explorations in Math and Science)报告书
1994 年	"2061 计划"专家组提出《科学素养的基准》(Benchmarks for Science Literacy)
1996 年	"2061 计划"专家组制定《全美科学教育标准》